Intervallfasten

Ein kompakter Ratgeber zum Soforteinstieg

Die 10 besten und effektivsten Formen des Intervallfastens

Low Carb Professionals

Inhaltsverzeichnis:

Einleitung 4

Wie funktioniert Intervallfasten? 5

Moderne Essgewohnheiten 6

Intervallfasten: Mit Fett oder ohne? 8

Stoffwechsel und Esshäufigkeit 11

Heißhungerattacken und Intervallfasten 12

Zusätzliche Überlegungen 14

Intermittierendes Fasten und die moderne Ernährung 16

Warum funktioniert das Intervallfasten? 18

Wie unterscheidet sich intermittierendes Fasten von herkömmlichen Diätkonventionen? 20

Was sind die Nachteile des Intervallfastens? 23

Ist Intervallfasten für Sie geeignet? 24

Für wen eignet sich das Intervallfasten also? 26

Vorteile des Intervallfastens 31

Warum ist intermittierendes Fasten so effektiv? 34

Sport und Intervallfasten 39

Welche Nahrungsmittel sind während des Intervallfastens sinnvoll? 42

Welche Lebensmittel Sie beim Intervallfasten vermeiden sollten 47

Kräuter und Gewürze, die beim Intervallfasten helfen 50

Welche Getränke sind für das Intervallfasten geeignet? 54

10 Arten des Intervallfastens 57

1) Tägliches Intervallfasten 58
2) Tägliches alternierendes Intervallfasten 59
3) Überspringen einer Mahlzeit 61
4) Fett-Fasten 62
5) Die Krieger-Diät 63
6) Nur essen, wenn Sie hungrig sind 64
7) 5:2 Intervallfasten 65
8) Zwei-Drittel-Methode 66
9) Tägliches partielles Fasten 67
10) Kombinationsfasten 68

Schlusswort 69
Bonus: So stoppen Sie den Jo-Jo-Effekt 72
Fazit 79
Impressum 80

Einleitung

Wir leben in einer wechselhaften und stressigen Welt, in der wir ständig von den Verheißungen und Versuchungen des Essens umgeben sind. Ist es ein Wunder, dass wir so viel und so oft essen, ohne großartig über unser Essverhalten nachzudenken? Schließlich sind Lebensmittel fast überall und in jeder denkbaren Form erhältlich - als Fast Food, in Lebensmittelgeschäften und als Snacks beim Imbiss um die Ecke. Wir sind so sehr auf diese ständige Verfügbarkeit konditioniert, dass viele Menschen gar kein anderes Essverhalten kennen.

In der Tat denken viele, dass Hunger eine schlechte Sache ist. Deshalb essen sie, sobald sie sich hungrig fühlen, unabhängig davon, wann sie zuletzt gegessen haben oder was sie an diesem Tag gegessen haben. Dies ist keine gute Praxis und eine der Möglichkeiten zur Verbesserung Ihrer Essgewohnheiten ist ein Ansatz, der als intermittierendes Fasten oder Intervallfasten bezeichnet wird.

Wie funktioniert Intervallfasten?

In diesem Abschnitt gehen wir der Frage nach, wie das Intervallfasten funktioniert. Schließlich gibt es buchstäblich Tausende von verschiedenen Esstipps, die online, in Büchern und in den Medien verfügbar sind. Viele davon widersprechen sich jedoch gegenseitig. Das macht es sehr schwierig, genau zu wissen, was oder wem man eigentlich glauben soll. Fangen wir also mit den Fakten und der Forschung an und gehen dann weiter.

Moderne Essgewohnheiten

Wie viel Aufmerksamkeit schenken Sie dem, was und wann Sie essen? Die Gesellschaft ist schnelllebig und für viele Menschen ist es ein ständiger Kampf, genügend Zeit zu finden, um alles zu tun, was sie tun müssen; geschweige denn alles, was sie tun wollen. Aus diesem Grund suchen die Menschen nach einfachen Lösungen, wo immer sie können. Das gilt besonders, wenn es um Lebensmittel geht. Wie oft haben Sie schon Fast Food gegessen, weil es einfach zu viel Arbeit war, eine Mahlzeit zu kochen? Wie wär's mit einem schnellen Snack aus dem Laden in der Nähe?

Diese Praktiken sind allzu üblich und wir lassen uns zu leicht davon beeinflussen, dass die ungesunden, stark verarbeiteten, kalorienreichen Lebensmittel am einfachsten zu haben sind. Hinzu kommt, dass Familien und Einzelpersonen von der Gewohnheit abrücken, ihr Essen zu traditionellen Mahlzeiten einzunehmen und sich stattdessen dafür entscheiden, dann zu essen, wenn sich die Gelegenheit bietet. Dies führt oft zu einer schlechten Nahrungsmittelauswahl. Gleichzeitig sind viele von uns meist zu beschäftigt, um sich ausreichend körperlich zu betätigen. All diese Faktoren tragen stark zur Entwicklung der Adipositas (Fettleibigkeit) bei und sind wahrscheinlich ein wesentlicher Grund dafür, warum Adipositas in der westlichen Bevölkerung so weit verbreitet ist.

Daher müssen wir unsere Essgewohnheiten auf die Menge an Energie abstimmen, die wir jeden Tag verbrauchen und nicht darauf, wie oft wir essen wollen oder wie leicht verfügbar die Nahrung ist. Einer der wirksamen Ansätze zur Lösung dieses Problems ist das häufige Essen von kleinen Mahlzeiten. Das Problem ist: Dies ist nichts anderes als ein Mythos.

Realistisch betrachtet, hilft die Einnahme vieler kleiner Mahlzeiten an einem Tag nicht für die Gewichtsabnahme und kann sogar für einige Leute zu einer Gewichtszunahme führen. Warum das so ist, werden wir später besprechen.

Das andere Extrem ist das intermittierende Fasten, das im Mittelpunkt dieses Ratgebers steht. Aber was ist Intervallfasten eigentlich? Simpel zusammengefasst bedeutet Intervallfasten - wie der Name schon sagt: Sie fasten manchmal. Dieser Ernährungsansatz legt den Schwerpunkt auf den Zeitpunkt des Essens und nicht auf die spezifischen Lebensmittel, die Sie wählen.

In den meisten Varianten ist Intervallfasten ein vollständiges Fasten in dem Sinn, dass Sie in diesem Zeitraum keinerlei Energie oder Kalorien zu sich nehmen. Dies erscheint schwierig und unlogisch, ist jedoch überraschend effektiv. Tatsächlich gibt es sogar biologische Vorteile beim Fasten, von denen Sie nicht profitieren können, wenn Sie regelmäßig essen.

Einige Leute halten sich im Rahmen des Intervallfastens auch an eine extrem niedrige Kalorienzufuhr an den jeweiligen Fastentagen, anstatt sich auf ein komplettes Fasten einzulassen. Diese Variante kann jedoch einige der gesundheitlichen Vorteile des Fastens verringern, zumal Sie streng genommen gar nicht fasten. Dennoch kann diese Herangehensweise das Fasten für manche Menschen zugänglicher machen.

Auf den ersten Blick erscheint die Idee des intermittierenden Fastens vielen eher sonderbar. Doch viele andere finden es dagegen sehr effektiv. Einerseits hilft es dabei, viele ungesunde Essgewohnheiten zu durchbrechen und ein besseres Verhältnis zur Nahrung zu schaffen. Es verringert auch Ihre tägliche Kalorienzufuhr und kann die Lust auf das „Snacken“ in Form von Heißhungerattacken geringer machen.

Intervallfasten: Mit Fett oder ohne?

Intermittierendes Fasten ist ein Konzept, das viel diskutiert wird. Grundsätzlich gibt es zwei Denkschulen. Eine Gruppe von Menschen glaubt, dass Sie kleine Mahlzeiten und häufig essen sollten. Dies ist ein Ansatz, der manchmal als "Weiden" bezeichnet wird. Dies soll Ihren Körper davon abhalten, in den Hungermodus zu wechseln. Ferner soll dabei der Stoffwechsel effektiv funktionieren und es soll Ihnen auch helfen, sich an Ihren Ernährungsplan zu halten. Theoretisch klingt diese Idee wunderbar. Sie funktioniert auch bei manchen Menschen. Doch für viele andere ist Essen oft kein guter Ansatz, um gesund zu bleiben oder abzunehmen.

Der menschliche Körper wurde nicht gebaut, um regelmäßig Nahrung zu sich zu nehmen. Der menschliche Bauplan ist noch immer auf eine Umgebung ausgerichtet, in der Nahrung knapp war und in der unsere Vorfahren oft lange Zeit ohne Nahrung auskommen mussten. Der Mythos des "Weidens" geht auf die 1980er Jahre zurück und viele glauben weiterhin-, dass dies der effektivste Weg ist, um Gewicht zu verlieren. Während das Weiden eine modische Art zu essen sein könnte, sind die wissenschaftlichen Grundlagen, welche diesen Ansatz unterstützen, schlichtweg nicht vorhanden.

Außerdem glauben viele von uns an den Grundsatz, dass regelmäßiges Essen wichtig ist, um das Energieniveau aufrechtzuerhalten. Doch das einzige, was daraus folgt, ist, dass die Menschen ihre Aufnahme von kalorienreichen Snacks und ungesunden Lebensmitteln erhöhen.

Das ist kein guter Weg für langfristigen Gewichtsverlust. Abgesehen davon ist Ihre Leber dazu in der Lage, einen Großteil der Energie zu kompensieren, die Ihnen durch unregelmäßiges Essen fehlt. Einige neuere Studien deuten sogar darauf hin, dass das Weiden ein risikoreiches Verhalten ist und zur Gewichtszunahme beitragen kann. Ist das wirklich überraschend?

Schließlich ist es sehr einfach, zu viel zu essen, wenn Sie viele Mahlzeiten innerhalb eines Tages verzehren. Das Weiden kann es auch schwieriger machen, den Überblick über das eigene Essverhalten zu behalten, was zu einem Kontrollverlust führen kann.

Umgekehrt gilt: Wenn Sie nur ein paar Mahlzeiten am Tag einnehmen, ist es schwieriger, zu viel zu essen - obwohl Sie immer noch darauf achten müssen, wie viel Sie in einer bestimmten Mahlzeit zu sich nehmen. Das Gleiche gilt für verlängerte Fastenzeiten. So hat eine Studie ergeben, dass der einzige Effekt, den das Essen vieler Mahlzeiten pro Tag hat, darin besteht, dass sich die Menschen hungriger fühlen. Dies wiederum trägt zu einem erhöhten Verlangen nach Essen bei. Dieses Ergebnis ist das Gegenteil von dem, was viele Menschen sich vom Weiden versprechen.

Im Gegensatz dazu senkt die Verringerung der täglichen Essenshäufigkeit oft die Kalorienzufuhr. Schließlich gibt es weniger Möglichkeiten zu essen. Sie werden auch feststellen, dass Sie sich schneller satt fühlen, wenn sie das Intervallfasten befolgen, was das Risiko des Überessens ebenfalls reduziert.

Man hat uns gelehrt, dass Hunger eine schlechte Sache ist. Doch ist er das wirklich?

Aus Sicht der Gewichtsabnahme kann Hunger ein Hinweis darauf sein, dass der Gewichtsverlust tatsächlich wirksam ist. Schließlich wird Ihr Körper denken, dass er Nahrung benötigt, bevor er Fett verbrennen möchte, weil das Verbrennen von Fett aus evolutionsbiologischer Sicht die letzte Option sein soll. Nur weil Sie ein körperliches Bedürfnis nach Essen haben, wenn Sie mit dem Intervallfasten anfangen, bedeutet das nicht, dass es auch so bleiben wird. Seltener zu essen ist wie jede Gewohnheit - es wird mit der Zeit einfacher.

In einer Studie wurde festgestellt, dass sich die Teilnehmer nach drei Mahlzeiten pro Tag voller fühlen als nach sechs, wenn die Gesamtmenge der Kalorien pro Tag gleich ist. Weitere Studien haben durchweg gezeigt, dass das Essen kleiner Mahlzeiten häufig keinen Einfluss auf die Gewichtsabnahme hat. Es gibt sogar einige Untersuchungen, die darauf hinweisen, dass das Essen einer höheren Anzahl von Mahlzeiten an einem Tag zu einem erhöhten Darmkrebsrisiko führen kann.

All diese Faktoren deuten darauf hin, dass das Essen kleiner Mahlzeiten häufig ein unwirksames Mittel zum Abnehmen ist, während das intermittierende Fasten ein stärkerer Ansatz für die Gewichtsabnahme und die allgemeine Gesundheit zu sein scheint. Darüber hinaus gilt: Wenn Sie Probleme haben, sich an eine Diät zu halten, weil Sie sich immer hungrig fühlen, kann häufiges Essen das eher schlimmer als besser machen. Mit dem Intervallfasten können Sie auch das Hungerproblem etwas reduzieren, indem Sie sich auf Optionen verlassen, die Ihnen helfen, sich satt zu fühlen, wie zum Beispiel proteinreiche Nahrungsmittel.

Stoffwechsel und Esshäufigkeit

Der Grundgedanke ist: viele kleine Mahlzeiten zu essen steigert Ihren Stoffwechsel, was zu einer verbesserten Gewichtsabnahme führt. Das ist jedoch nur eine Seite der Medaille. Wann immer Sie essen, erhöht sich Ihr Stoffwechsel ein wenig. Dies geschieht, weil Ihr Körper eine bestimmte Menge an Energie benötigt, um die Nahrung zu verarbeiten. Je mehr Kalorien Sie zu sich nehmen, desto größer ist der Anstieg des Stoffwechsels, da größere Mahlzeiten mehr Energie zur Verarbeitung durch den Körper benötigen. Wenn Sie ein paar große Mahlzeiten an einem Tag zu sich nehmen, steigt Ihr Stoffwechsel auf natürliche Weise an und bleibt auf einem konstanten Niveau. Alternativ dazu gilt, dass durch viele kleine Mahlzeiten Ihr Stoffwechsel nicht so stark arbeitet und schneller abnimmt. Das ist kein besseres Ergebnis.

Eine Metaanalyse ergab zum Beispiel, dass der Verzehr einer kleinen Mahlzeit zu einem kleineren Stoffwechselschub führt, während eine größere Mahlzeit mit einem stärkeren Schub verbunden ist. Realistisch gesehen ist es nicht möglich, den Stoffwechsel des Körpers durch die Häufigkeit der Mahlzeiten zu manipulieren, da Ihr Stoffwechsel direkt an das gebunden ist, was Sie essen. Das Endergebnis ist, dass die metabolischen Auswirkungen von intermittierendem Fasten und Weiden überraschend ähnlich sind. Und, trotz aller Mythen da draußen, verlangsamt das Intervallfasten Ihren Stoffwechsel nicht signifikant.

Heißhungerattacken und Intervallfasten

Ein Thema, das oft in Diskussionen über Gewichtsabnahme und Gesundheit auftaucht, ist die Idee, abends oder spät in der Nacht zu essen. Technisch gesehen ist nicht die Zeit, zu der man isst, das Problem. Dies gilt vor allem in Bezug auf das Essen vor dem Schlafengehen. Wenn Sie versuchen, Gewicht zu verlieren, ist das Essen spät am Abend selten eine gute Idee. Einer der Gründe dafür ist, dass ein voller Magen das Schlafen erheblich erschweren kann. Tatsächlich sagen viele Menschen, dass sie es schwerer haben zu schlafen, wenn sie kurz vor dem Schlafengehen gegessen haben. Darüber hinaus beeinflusst das regelmäßige späte Essen jedoch auch Ihre allgemeinen Ernährungsgewohnheiten. Wenn Sie zum Beispiel häufig spät essen, kann es ein Hinweis darauf sein, dass Sie keine gute Kontrolle über Ihre Essgewohnheiten haben.

Dies mag der Grund sein, warum einige Studien herausgefunden haben, dass das Essen am späten Abend mit einer Gewichtszunahme verbunden ist. Die Praxis des nächtlichen Essens wird klinisch als Night Eating Syndrome (NES) bezeichnet und tritt häufig in Bevölkerungsgruppen auf, die mit Fettleibigkeit zu kämpfen haben. Welche Auswirkungen das Essen in der späten Nacht auf die Gewichtszunahme hat, ist eine Frage, die immer noch Gegenstand erheblicher Diskussionen und Forschungen ist.

Ein weiterer Faktor ist, dass die Menschen dazu neigen, vor dem Schlafengehen zu naschen und diese Snacks sind oft kalorienreich. Dies bedeutet, dass das Essen in der Nacht die Gewichtskontrolle stören kann, zumal es sehr leicht ist, zu viele "Snacks" zu essen. Doch was hat das alles mit intermittierendem Fasten zu tun?

Zum einen kann intermittierendes Fasten helfen, negative Ernährungsmuster zu durchbrechen. Der Prozess hilft uns zu lernen, dann zu essen, wenn unser Körper es braucht und nicht, weil wir uns einfach nur nach Essen sehnen oder uns langweilen. Und realistischerweise sind die meisten negativen Auswirkungen des Essens vor dem Schlafengehen verhaltensbedingt. Das Essen vor dem Schlafengehen ist nicht wirklich ungesund, solange man sich bewusst ist, was man isst und welche biologischen Bedürfnisse man hat. Manche Menschen, die nur sporadisch fasten, entscheiden sich sogar absichtlich dafür, vor dem Schlafengehen zu essen. Allein das nächtliche Essen verursacht demnach keine Gewichtszunahme. Sie können nachts essen, soviel und solange Sie wollen - solange Sie gesunde Entscheidungen treffen.

Zusätzliche Überlegungen

Intervallfasten ist ungewöhnlich, da der Schwerpunkt ganz auf dem Essen liegt - und nicht auf den Speisen, die Sie wählen. Der Einstieg selbst kann eine Herausforderung sein, denn das Hungergefühl ist nicht gerade angenehm und viele von uns sind einfach zu sehr daran gewöhnt, immer dann zu essen, wenn wir Hunger haben.

Aber es wird mit der Zeit einfacher. Und Sie können auch langsam anfangen. Trotzdem ist das Essen nur ein Teil der Geschichte. Insbesondere könnte man sich im Rahmen des intermittierenden Fastens immer noch stark auf verarbeitete Lebensmittel und Zucker verlassen, was nicht viele gesundheitliche Vorteile mit sich bringen würde. Das hat zur Folge, dass Sie neben dem Fasten auch in den Esszeiten aufmerksam sein und eine gute Essensauswahl treffen müssen. In ähnlicher Weise ist es wichtig, beim intermittierenden Fasten genug Nährstoffe einzunehmen. So werden die besten Ergebnisse erzielt, wenn man sich auf gesunde Fette, Obst und Gemüse, eiweißreiche Lebensmittel und das Kochen der eigenen Mahlzeiten verlässt.

Eine weitere Überlegung ist, wer Sie als Person sind. Realistisch gesehen kann intermittierendes Fasten relativ intensiv sein, und es funktioniert nicht für jeden gut.
Zum Beispiel haben Frauen öfter Schwierigkeiten mit dem Intervallfasten und können negative hormonelle Auswirkungen erfahren. Andere Frauen empfinden das intermittierende Fasten hingegen als kraftsteigernd und vitalisierend. Intermittierendes Fasten kann auch eine schlechte Wahl für jeden sein, der nicht gut funktioniert, wenn er Hunger hat. Dazu gehören auch Menschen, die Probleme haben, sich zu konzentrieren, wenn sie nicht gegessen haben.

In vielen Fällen werden Sie jedoch feststellen, dass diese Probleme mit der Zeit abnehmen, wenn Sie sich an das Fasten gewöhnt haben. Es lohnt sich in jedem Fall, die Idee auszuprobieren. Wenn Sie über einen längeren Zeitraum

Probleme haben, ist intermittierendes Fasten jedoch vielleicht nicht das Richtige für Sie. Denn wenn Sie abnehmen und gesund bleiben wollen, ist es wichtig, etwas Nachhaltiges zu finden.
Für einige Leute erfüllt das intermittierende Fasten (besonders die 16:8 Version) diese Notwendigkeit und es ist zweifellos weniger kompliziert als das minutiöse Führen eines Ernährungstagebuchs oder das Zählen von Kalorien. Das gilt jedoch nicht für alle.

Eine letzte Anmerkung ist, vorsichtig zu sein, wenn Sie eine Vorgeschichte von Essstörungen oder eine Tendenz haben, manische Züge beim Essen anzunehmen. Dies gilt für jeden Diättyp, insbesondere aber für das Fasten in regelmäßigen Zeitabständen.

Intermittierendes Fasten ist großartig, um wieder eine gesunde Beziehung zum Essen herzustellen. Es hilft, emotional bedingtes Essen zu reduzieren. Es kann jedoch einige Leute der Gefahr für Essstörungen aussetzen. Für die meisten ist das nicht der Fall. Tatsächlich deutet die Forschung eher darauf hin, dass intermittierendes Fasten nicht zu ungeordneten Essgewohnheiten oder einer negativen Beziehung zur Nahrung führt.

In manchen Fällen kann es sogar zu einer Verbesserung der Ergebnisse führen, da der Schwerpunkt auf dem Genuss des Essens liegt. Wenn Sie jedoch sensibel sind, ist es wichtig darauf zu achten, wie Ihr Körper reagiert. Mehr als alles andere ist es wichtig, auf den eigenen Körper zu achten und Anpassungen vorzunehmen, je nachdem, wie er reagiert.

Intermittierendes Fasten und die moderne Ernährung

Für die meisten von uns ist es oft schwierig, die Zeit zu finden, um richtig und ausgewogen zu essen. Dies gilt umso mehr, wenn das Essen gut sein soll, was im Allgemeinen die Zubereitung Ihrer eigenen Mahlzeiten erfordert. Intermittierendes Fasten kann in dieser Situation sehr effektiv sein, weil es das Sattwerden und umfangreiche Mahlzeiten betont. Der andere Vorteil ist, dass Sie beim Intervallfasten nicht so viele Mahlzeiten zubereiten müssen. Letztendlich ist der beste Ansatz, das intermittierende Fastenmodell an das eigene Leben anzupassen und herauszufinden, welche Elemente am besten für Sie funktionieren und welche nicht. Aufgrund der vielen unterschiedlichen Varianten des intermittierenden Fastens können Sie Ihre spezifischen Vorgehensweisen an Ihre Bedürfnisse anpassen. Wie jede Diät ist intermittierendes Fasten nicht der beste Ansatz für alle, aber es kann einigen Menschen helfen, effizient abzunehmen.

Eines der wichtigsten Dinge, die man sich merken sollte, ist, dass das, was und wie viel man isst, immer noch relevant ist. Zum Beispiel merken einige Menschen, dass sie beim Intervallfasten stärker als sonst in Versuchung sind, kalorienreiche Lebensmittel oder eine große Menge an Lebensmitteln zu essen, wenn sie hungrig sind. Dies untergräbt jegliche positiven Folgen des intermittierenden Fastens. Wenn das Fasten Sie mehr essen lässt, anstatt weniger, kann es eine schlechte Wahl sein.

Viele Menschen kombinieren jedoch Intervallfasten mit anderen Ernährungsstilen wie Paleo, Veganismus oder Keto. Dies kann ein guter Weg sein, um die Vorteile des intermittierenden Fastens zu nutzen und gleichzeitig sicher zu gehen, dass Sie sich gesund ernähren. Andere werden merken, dass das Führen eines Nahrungsmitteltagebuchs bei diesem Prozess helfen kann.

Eine sinnvolle Empfehlung ist, stark verarbeitete Lebensmittel und Fast Food so weit wie möglich zu vermeiden und sich auf Optionen zu konzentrieren, die gesund sind und wichtige Nährstoffe bieten. Letztendlich ist eine effektive Ernährung das, was für Sie am besten funktioniert und auch langfristig machbar ist. Das wird für jeden Menschen anders sein.

Warum funktioniert das Intervallfasten?

Beim intermittierenden Fasten funktioniert Ihr Körper während der Essphasen anders als beim Fasten. Wenn Sie eine Mahlzeit essen, verbringt Ihr Körper ein paar Stunden damit, diese Nahrung zu verarbeiten. Weil es all diese leicht verfügbare, leicht zu verbrennende Energie in seinem Blutstrom gibt - dank der Nahrung, die Sie gegessen haben - wird Ihr Körper entscheiden, dies als Energie zu verwenden, anstatt das Fett, das Sie gespeichert haben. Dies ist besonders zutreffend, wenn Sie gerade Kohlenhydrate oder Zucker verbrauchten, da Ihr Körper bevorzugt Zucker vor jeder anderen möglichen Quelle zur Energiegewinnung verbrennt.

Während des fastenden Zustandes hat Ihr Körper keine kürzlich konsumierte Mahlzeit, die er als Energie verwenden kann. So ist es wahrscheinlicher, dass er sich aus dem Fett bedient, das in Ihrem Körper gespeichert ist, als aus der Glukose in Ihrem Blutkreislauf oder dem Glykogen in Ihren Muskeln und der Leber. Dasselbe gilt für das Training in diesem Zustand. Ohne eine Zufuhr von Glukose und Glykogen, deren Speicher im Laufe des Fastens verbraucht wurden und noch nicht mit einer Mahlzeit vor dem Training aufgefüllt wurden, ist Ihr Körper gezwungen, sich anzupassen und aus der einzigen verfügbaren Energiequelle zu zehren: dem in Ihren Zellen gespeicherten Fett!

Warum funktioniert das? Unser Körper reagiert auf den Energieverbrauch (Nahrungsaufnahme) mit der Insulinproduktion. Im Wesentlichen heißt das: Je empfindlicher Ihr Körper auf Insulin reagiert, desto wahrscheinlicher ist es, dass Sie die Nahrung, die Sie konsumieren, effizient nutzen. Dies kann zu Gewichtsverlust und Muskelaufbau führen. Außerdem ist Ihr Körper nach einer Fastenzeit sehr empfindlich gegenüber Insulin. Ihr Glykogen - eine Stärke, die in Ihren Muskeln und Ihrer Leber gespeichert ist und die Ihr Körper bei Bedarf als Brennstoff verwenden kann - wird während des Schlafes oder der Fastenphase verbraucht und wird während des Trainings noch weiter abgebaut, was die Insulinempfindlichkeit zusätzlich erhöhen kann. Eine Mahlzeit unmittelbar nach dem Training wird am effizientesten gespeichert: als Glykogen für Muskelspeicher und als Sofortbrennstoff für Energie, um den Erholungsprozess zu unterstützen.

Vergleichen Sie dies mit einem normalen Tag, an dem Sie nicht fasten. Wenn dann Ihre Insulinempfindlichkeit auf einem normalen Niveau liegt, treffen die Kohlenhydrate und die Nahrungsmittel, die Sie Ihrem Körper durch das Essen zugeführt haben, auf volle Glykogenspeicher sowie genügend Glukose im Blutstrom. Das erhöht folglich die Wahrscheinlichkeit, als Fett gespeichert zu werden. Auch die Ausschüttung von Wachstumshormonen wird während des Fastens erhöht, sowohl im Schlaf als auch nach einer Fastenzeit. Kombinieren Sie diese erhöhte Wachstumshormonabsonderung, die Abnahme der Insulinproduktion und folglich die Zunahme der Insulinempfindlichkeit und Sie bereiten Ihren Körper mit dem Fasten optimal auf das Muskelwachstum und den Fettverlust vor.

Die weniger wissenschaftliche Version lautet so: Intervallfasten kann Ihrem Körper helfen, die Nahrung, die er konsumiert, effizienter zu nutzen. Aus vielen verschiedenen physiologischen Gründen kann das Fasten helfen, den Gewichtsverlust und Muskelaufbau zu fördern, wenn es richtig gemacht wird.

Wie unterscheidet sich intermittierendes Fasten von herkömmlichen Diätkonventionen?

Lassen Sie uns ein wenig zurückgehen und einen Blick darauf werfen, wie sich das intermittierende Fasten von herkömmlichen Diätplänen unterscheidet. Es gibt zwei wichtige Punkte, bei denen das intermittierende Fasten entgegen den allgemeinen Diätweis-heiten steht:

1) Wollen Sie abnehmen? Stellen Sie sicher, dass Sie mit einem gesunden Frühstück beginnen, damit Sie den Stoffwechsel gleich morgens in Gang bringen können! Frühstücken Sie wie ein König, essen Sie zu Mittag wie ein Prinz und gestalten Sie das Abendessen wie ein Bettler.

2) Wollen Sie noch mehr abnehmen? Achten Sie darauf, dass Sie den ganzen Tag über sechs kleine Mahlzeiten zu sich nehmen, damit Ihr Stoffwechsel den ganzen Tag über voll ausgelastet bleibt.

Über das Frühstück

Sicherlich haben Sie von den obigen Aussagen immer wieder gehört, dass es falsch ist, sie nicht zu beachten. Dennoch wird im Rahmen des Intervallfastens häufig empfohlen, das Frühstück auszulassen und mehr Wert auf das Mittag- und Abendessen zu legen. Warum? Weil es einfacher ist, beim Abendessen mehr zu essen. Wenn Sie beim Abendessen genug Nahrung zu sich nehmen, wird es Ihnen helfen satt zu bleiben, während Sie schlafen.

Über den Verzehr von vielen kleinen Mahlzeiten während des Tages

Es gibt einige Gründe, warum so viele Diätpläne mehrere kleine Mahlzeiten empfehlen:

1) Wenn Sie eine Mahlzeit essen, muss Ihr Körper zusätzliche Kalorien verbrennen, nur um diese Mahlzeit zu verarbeiten. So sagt die Theorie, dass, wenn Sie den ganzen Tag über nur kleine Mahlzeiten essen, Ihr Körper ständig zusätzliche Kalorien verbrennt und Ihr Metabolismus mit der optimalen Kapazität arbeitet. Das ist jedoch leider nicht wahr. Ob Sie 2000 Kalorien über den Tag verteilt essen oder 2000 Kalorien in einem kleinen Zeitfenster: Ihr Körper verbrennt die gleiche Anzahl von Kalorien, um das Essen zu verarbeiten. So klingt das Ganze zwar im Prinzip gut, aber die Realität erzählt eine andere Geschichte.

2) Wenn Sie kleinere Mahlzeiten essen, ist es weniger wahrscheinlich, während Ihrer regelmäßigen Mahlzeiten zu viel zu essen. Hier lässt sich etwas Wahrheit definitiv erkennen, besonders für Leute, die mit der Portionskontrolle kämpfen oder nicht wissen, wie viel sie essen sollten. Man könnte jedoch argumentieren, dass das mehrmalige Essen am Tag sehr kostspielig ist und außerdem mehr Aufwand in Bezug auf das Einkaufen, die Zubereitung und den Abwasch erfordert.

Wenn wir an die Zeit der Höhlenmenschen zurückdenken wollen, wären wir als Spezies in großen Schwierigkeiten, wenn wir alle drei Stunden essen müssten. Glauben Sie, dass Frank Höhlenmensch seine Taschensonnenuhr sechs Mal am Tag herausgezogen hat, um seine gleichmäßig portionierten Mahlzeiten zu konsumieren? Nein! Er aß, wann er konnte und sein Körper passte sich an, um den Rest des Tages noch optimal zu funktionieren.

Der enge Bezug des Intervallfastens zu den Ernährungsgewohnheiten unserer Vorfahren ist letztendlich auch einer der Hauptgründe dafür, warum sich diese Methode so gut für eine gesunde Lebensweise eignet. Nun machen wir jedoch einen kurzen Abstecher in der Thematik und beschäftigen uns mit der Frage, ob und in welcher Form sich das intermittierende Fasten nachteilig auf den Körper auswirken kann.

Was sind die Nachteile des Intervallfastens?

Es gibt wenige Nachteile des intermittierenden Fastens, wenn es richtig durchgeführt wird. Das größte Problem ist für viele die nachhaltige Veränderung der Essgewohnheiten. Wenn Sie alle drei Stunden essen, wird Ihr Körper alle drei Stunden hungrig. Denn er hat gelernt und sich daran gewöhnt, alle drei Stunden Nahrung zu erwarten und zu erhalten. Wenn Sie jeden Morgen frühstücken, erwartet Ihr Körper, dass er aufwacht und Nahrung bekommt. Sobald Sie Ihren Körper daraufhin konditionieren oder umschulen, nicht jeden Tag Nahrung zu erwarten, werden diese Nebenwir-kungen geringer.

Ebenso sind einige Personen besorgt, dass sie den ganzen Morgen unglücklich sein werden, weil sie keine Nahrung zu sich genommen haben. Ja, der anfängliche Übergang vom ständigen Essen zum intermittierenden Fasten kann ein wenig ruckartig für das System sein. Haben Sie die Übergangsphase jedoch überwunden, kann Ihr Körper sich schnell anpassen und lernen, genauso gut zu funktionieren, wenn Sie nur ein paar Mal am Tag essen.

Es ist wichtig zu beachten, dass intermittierendes Fasten keine Magie ist. Tatsächlich bedarf die Behauptung der Anhänger des Intervallfastens, dass es eine stärkere Insulinsensitivität und eine erhöhte Wachstumshormonsekretion fördert, noch weiterer Forschung. Dennoch können wir nicht leugnen, dass Intervallfasten die Menge an Kalorien, die Sie verbrauchen, wirksam reduziert.

Ist Intervallfasten für Sie geeignet?

Es gibt verschiedene Versionen des Intervallfastens. Das übergreifende Konzept ist jedoch bei allen ähnlich: Essen Sie so ziemlich alles, was Sie wollen - aber nur während eines bestimmten Zeitraums. Mit dem 5:2-Programm können Sie z.B. fünf Tage in der Woche essen; an zwei Tagen folgen Sie einem modifizierten Fasten, indem Sie gar nichts oder nur sehr wenig essen. Eine andere Möglichkeit ist die Methode des zeitbeschränkten Essens. Sie besteht darin, jeden Tag nur innerhalb von 8 Stunden zu essen und die restlichen 14-16 Stunden vollständig zu fasten. Abgesehen von den hormonellen Vorteilen, die intermittierendes Fasten verspricht, sind hier die Hauptgründe, warum Sie dem Intervallfasten eine Chance geben sollten.

1) Weil es funktioniert.

Obwohl wir wissen, dass nicht alle Kalorien gleich sind, spielt die Kalorienrestriktion eine zentrale Rolle bei der Gewichtsabnahme. Wenn Sie fasten, wird es für Sie einfacher, Ihre Kalorienzufuhr im Laufe der Woche einzuschränken. Dieses gibt Ihrem Körper eine Möglichkeit, Gewicht zu verlieren, da Sie weniger Kalorien essen, als Sie vorher verbrauchten.

2) Weil es Ihre Abläufe vereinfacht.

Anstatt Ihre Mahlzeiten alle zwei bis drei Stunden zuzubereiten, zu verpacken, zu essen und zu warten, überspringen Sie einfach ein oder zwei Mahlzeiten und sorgen sich nur um das Essen in Ihrem dafür vorgesehenen Zeitfenster.

3) Es ist praktischer und spart Zeit.

Statt drei bis sechs Mahlzeiten pro Tag zubereiten oder kaufen zu müssen, müssen Sie nur zwei Mahlzeiten zubereiten. Anstatt sechsmal am Tag zu essen, müssen Sie einfach nur zweimal essen. Anstatt sechsmal abwaschen zu müssen, müssen Sie es nur zweimal machen.

Wenn es um Diätmuster geht, kommt es vor allem darauf an, zu entscheiden, welches für Sie das Richtige ist. Intermittierendes Fasten ist keineswegs das A und O einer Diät. Wenn die gute, alte "Sechs Mahlzeiten pro Tag"-Regel für Sie bisher funktioniert hat, dann kann es wenig gute Gründe geben, dies zu ändern. Zweifellos wird Ihnen jedoch auch kein Schaden daraus entstehen, das zeitweilige Fasten für ein paar Wochen auszuprobieren, gerade um zu sehen, wie Ihr Körper darauf reagiert. Das Wichtigste ist, dass Ihr Diätplan um Ihr Leben herum funktioniert und nicht umgekehrt.

Für wen eignet sich das Intervallfasten also?

Intervallfasten kann für viele Menschen mehrere Vorteile haben, obwohl es bestimmte Gruppen gibt, die davon Abstand nehmen oder zumindest eng mit einem Arzt zusammenarbeiten sollten. Doch woran erkennen Sie, in welches Lager Sie fallen? Im Zweifelsfall ist es immer klug, Ihren Arzt oder Ernährungsberater zu konsultieren. Aber hier sind einige Indikatoren, die Ihnen helfen, das Problem zu lösen. Intervallfasten könnte das Richtige für Sie sein, wenn....

1) Sie ein Alles-oder-nichts-Typ sind

Wenn Sie jemals versucht haben, eine Diät zu halten, wissen Sie wahrscheinlich, wie es sich anfühlt, wenn Sie unweigerlich Ihre Vorsätze aufgeben. Während einige Leute nach kleinen Rückschlägen trotzdem gleich weitermachen können, landen andere fernab vom Kurs. Das Intervallfasten beugt diesem Problem vor, weil Sie sich nie Gedanken darüber machen müssen, was Sie eigentlich "essen dürfen"; stattdessen konzentrieren Sie sich einfach darauf, Ihren Zeitplan einzuhalten.

2) Sie haben immer Hunger

Ob Sie ein schneller Esser sind, der zu viel isst, bevor Ihr Gehirn die Nachricht bekommt, dass Sie voll sind oder ob Sie einfach nie zufrieden zu sein scheinen - Intervallfasten kann Ihnen helfen. Wenn Sie nicht die ganze Zeit essen, müssen Ihre Hungerhormone nicht so oft freigesetzt werden. Der Körper gerät in ein besseres hormonelles Gleichgewicht, was es Ihnen ermöglicht, Ihren Appetit angemessen zu steuern.

3) Sie wollen einen Anti-Aging-Schub

Nein, das Intervallfasten ist kein Allheilmittel für knarrende Gelenke, faltige Haut oder brüchiges Haar. Das Intervallfasten bewirkt jedoch eine Zunahme des menschlichen Wachstumshormons (HGH), das die Zellreparatur fördert. Das Nichtessen für mehrere Stunden hintereinander ist eine leichte Belastung für die Mitochondrien, die Energiekraftwerke Ihrer Zellen. Das Fasten gibt ihnen einen Schub, um ihre Funktionsfähigkeit zu verbessern. Das intermittierende Fasten kann auch für die Gesundheit des Gehirns hilfreich sein; Tierversuche deuten darauf hin, dass dieses Ernährungsmuster dazu dienen könnte, den altersbedingten kognitiven Verfall zu mildern.

4) Sie sind prädiabetisch

Wenn Ihr Arzt Ihnen gesagt hat, dass Sie Gefahr laufen, an Diabetes zu erkranken, ist das Intervallfasten vielleicht einen Versuch wert. Diese Art von Ernährungsplan kann Ihren Zellen helfen, empfindlicher auf Insulin zu reagieren. Der Grund: Jedes Mal, wenn Sie essen, setzt Ihr Körper das Hormon Insulin frei, um den Zucker aus Ihrem Blutkreislauf in Ihre Zellen zur Energiegewinnung zu transportieren. Aber Menschen, die unter einer Prädiabetes leiden, haben schon eine gewisse Resistenz gegen Insulin gebildet. Das bedeutet, dass das System nicht mehr richtig arbeitet und Ihre Blutzuckerspiegel ständig erhöht bleiben. Längere Abstinenzphasen zwischen dem Essen können helfen, weil es Ihren Körper dazu anregt, das Insulin seltener heraus zu pumpen.

5) Sie können die letzten 5 Kilo einfach nicht loswerden

Wenn Ihre Bemühungen zum Gewichtsverlust eine Pause eingelegt haben, kann Intervallfasten dazu dienen, Ihrem Stoffwechsel einen Kickstart zu verpassen. Ihr Körper lernt: Wenn keine Glukose für die Energiegewinnung zur Verfügung steht, gibt es ja Fettvorräte im Körper, die stattdessen verbrannt werden können.

Es gibt jedoch auch Gründe, welche für bestimmte Personen-gruppen gegen das Intervallfasten sprechen. Vermeiden Sie intermittierendes Fasten, wenn....

1) Sie Medikamente nehmen, die Ihren Blutzucker beeinflussen.

Menschen, die Insulin verwenden, müssen regelmäßig essen. Wenn sie zu lange zwischen den Mahlzeiten warten, riskieren sie, dass der Blutzucker viel zu niedrig fällt, was sehr gefährlich sein kann.

2) Sie sind ein Kohlenhydrat- Junkie

Sie können theoretisch essen, was auch immer Sie wünschen, wenn Sie Intervallfasten betreiben. Jedoch gilt: Wenn Sie zu viele Kohlenhydrate einnehmen, haben Sie Mühe, Ihren Blutzucker stabil zu halten. Vor allem raffinierte Kohlenhydrate lassen Ihren Blutzucker und damit auch Ihr Insulin steigen und dann haben Sie einen plötzlichen Abfall. Wenn Sie also versuchen, für längere Zeiträume ohne Nahrungszufuhr auszukommen und Ihre Er-nährungsgewohnheiten zu kohlenhydratlastig sind, werden Sie letzten Endes hungrig und reizbar.

3) Sie haben eine Essstörung oder hatten in der Vergangenheit eine

Jeder, der an Magersucht oder Bulimie leidet, sollte sich vom Intervallfasten fernhalten. Psychologisch könnte das Intervallfasten die Symptome der Krankheit imitieren und ein Auslöser dafür sein, dass die Störung erneut aufflammt.

4) Sie sind schwanger oder planen, bald schwanger zu werden

Die Schwangerschaft ist normalerweise nicht die Zeit, sich auf den Fettabbau zu konzentrieren. Es sei denn, Ihr Arzt hat Sie anders angewiesen, sollten Sie sich auf eine gute Ernährung über den ganzen Tag verteilt konzentrieren.

5) Sie nehmen Medikamente, die morgens und vor dem Schlafengehen eingenommen werden müssen

Dies ist nicht immer ein Grund zum Vermeiden des Intervallfastens. Sie können schließlich auch einige Esslöffel Butter oder Kokosnussöl mit Ihren Medikamenten zusammen einnehmen, um die Absorption zu erleichtern, ohne Ihren Magen oder Ihren fastenden Zeitplan zu stören. Aber sprechen Sie in jedem Fall vorher mit Ihrem Arzt.

Die überwiegende Mehrheit der Menschen empfindet das Intervallfasten als eine gute Möglichkeit, ihre Gesundheit zu verbessern und Gewicht zu verlieren. Doch natürlich gibt es einige, für die das Fasten nicht empfohlen wird. Zum Beispiel, weil das Fasten Hormone beeinflusst, die das Wachstum kontrollieren, sollten Kinder, Jugendliche und Schwangere oder stillende Frauen oder Menschen, die sich von Operationen erholen, nicht fasten. Ferner wird ein intermittierendes Fasten für die folgenden Personengruppen nicht empfohlen:

- Kinder und Jugendliche, die noch im Wachstum begriffen sind
- Stillende Frauen
- Menschen, die untergewichtig sind
- Wenn Sie einen gesundheitlichen Zustand haben, der zu einem geschwächten Immunsystem führt

Auch gibt es Zeiten, in denen Sie Ihren Fastenplan pausieren sollten, zum Beispiel bei Unwohlsein oder Fieber oder auch, wenn Sie stark gestresst sind.

Nun haben wir uns ausführlich mit den möglichen Nachteilen einer Intervallfastenkur beschäftigt. Werfen wir doch einmal einen genaueren Blick darauf, welche positiven Folgen das zeitweilige Hungern für Sie haben kann.

Vorteile des Intervallfastens

Während viele denken werden, dass Fasten ungesund ist, weil es wie Verhungern wirkt, bietet es Ihnen tatsächlich eine breite Palette von gesundheitlichen Vorteilen, solange es richtig gemacht wird. Intermittierendes Fasten bezieht sich auf die Begrenzung der Nahrungsaufnahme auf ein bestimmtes Zeitfenster. Es erfordert anfangs zwar einige Gewöhnung, da Sie eine Mahlzeit oder zwei überspringen müssen. Es zahlt sich jedoch mit zahlreichen Nutzen für die Gesundheit aus. Es braucht nur Selbstbeherrschung und Engagement, um Ihre Gesundheit zu verbessern.

Intermittierendes Fasten bedeutet, sich von dem häufigen Essverhalten zu lösen, von dem unsere Gesellschaft besessen ist. Wie das aussieht, hängt von der konkreten Vorgehensweise ab, die Sie verfolgen. Aber in den meisten Fällen essen Sie am Ende weniger Mahlzeiten und oft auch weniger Snacks. Für viele Menschen ist dieser Aspekt der Entscheidende, da er zu einer verminderten Kalorienzufuhr führt. Infolgedessen kann Intervallfasten direkt zu einer gesünderen Lebensweise beitragen und sogar ein Weg sein, ein Gewichtsverlustplateau zu durchbrechen. Das Intervallfasten verursacht auch biologische Veränderungen, die den Gewichtsverlust verbessern können. Dazu gehören die Erhöhung des menschlichen Wachstumshormons, die Senkung des Insulinspiegels und die Erhöhung des Hormons Noradrenalin, das mit der Fettverbrennung verbunden ist. Zusammengefasst bedeuten diese Effekte, dass intermittierendes Fasten die Gewichtsabnahme durch Veränderungen des Nahrungs-verbrauchs, des Verhaltens und auch durch biologische Einflüsse fördert.

Gesundheitliche Vorteile des intermittierenden Fastens

Intervallfasten mag entmutigend und herausfordernd erscheinen, aber diese Art des Fastens wird sicherstellen, dass Sie den größtmöglichen langfristigen Nutzen daraus ziehen. Diese beeindruckenden gesundheitlichen Vorteile, die das intermittierende Fasten bietet, werden Sie sicherlich dazu ermutigen, es selbst auszuprobieren:

1) Es fördert die Zellregeneration

Das intermittierende Fasten fördert die Zellregeneration durch die Auslösung der Autophagie. Dies ist ein natürlicher Prozess, der zur Erneuerung geschädigter Zellen notwendig ist. Es hilft, das Krebswachstum und die Entwicklung chronischer Krankheiten zu hemmen.

2) Es normalisiert die Insulin- und Leptinempfindlichkeit

Die Insulin- und Leptinresistenz ist einer der Hauptfaktoren für zahlreiche chronische Krankheiten, darunter Diabetes. Intermittierendes Fasten verschiebt die Abhängigkeit Ihres Körpers von Glukose, die dann sein ständiges Verlangen nach Zucker stoppt und so die Insulin- und Leptinempfindlichkeit normalisiert.

3) Es regt den Körper dazu an, Fett als Energiequelle zu verbrennen

Die Begrenzung der Nahrungsaufnahme zwingt Ihren Körper dazu, auf die Verbrennung von Fett als Energiequelle umzusteigen, anstatt auf den konstanten Fluss von Glukose angewiesen zu sein. Dies kann zur Gewichtsabnahme beitragen und zu besseren Körperprozessen führen, da Fett ein sehr effizienter Kraftstoff ist.

4) Es minimiert Heißhungerattacken

Während das Fasten sich anfühlt, als ob Sie Ihren Körper aushungern, kann dies Ihnen helfen, Heißhungerattacken und Hungergefühle zu vermeiden, indem Sie die Glukoseabhängigkeit Ihres Körpers zurücksetzen.

5) Es fördert die kognitive Funktion

Intermittierendes Fasten verbessert die kognitive Funktion, indem es das Gehirn mit Fett anstelle von Glukose versorgt. Studien zeigen, dass Intervallfasten bei der Prävention der Alzheimer- und Parkinson-Krankheit hilft, da der neurotropische Faktor (BDNF), ein Protein, das sowohl neuroprotektiv als auch hirnstimulierend ist, erhöht wird.

Warum ist intermittierendes Fasten so effektiv?

Forscher gehen davon aus, dass der Grund für die vielen Vorteile des Intervallfastens darin liegt, dass es viele Ähnlichkeiten zu der Ernährungsweise unserer Vorfahren hat. Der heutige einfache Zugang zu Nahrung hat den normalen "Schlemmen und Hungern" Zyklus, den der Körper für die Regeneration und den Zellersatz benötigt, vollständig eliminiert. Nur in den Zeiten, in denen Sie keine Nahrung haben, geht Ihr Körper in eine Art Reparaturmodus über. Ihr Körper ist wirklich nur daran interessiert, sich fortzupflanzen, Zellen wachsen zu lassen und immer weiter und weiter zu machen. Aber wenn Sie 12 bis 14 Stunden ohne Essen auskommen, fängt Ihr Körper an zu denken: Es ist Zeit für ein paar überfällige Reparaturen.

Intermittierendes Fasten gibt dem Körper ausreichend Zeit, um Giftstoffe zu entfernen, was er mit einer ganztägigen Diät nicht tun kann. Das Intervallfasten löst nicht nur die Fähigkeit des Körpers aus, effizient Zellen zu heilen und zu produzieren, sondern es regt Ihren Körper auch dazu an, die Verbrennung von Fett als Kraftquelle aufzunehmen.

Es gibt jedoch wichtige Faktoren, die Sie in Betracht ziehen sollten, um sicherzustellen, dass Sie diese Strategie erfolgreich in Ihren Lebensstil integrieren. Hier sind einige Tipps, denen Sie folgen können:

- Eliminieren Sie alle verarbeiteten Lebensmittel aus Ihrer Ernährung. Wenn Sie das intermittierende Fasten ausprobieren, überprüfen Sie, ob die Nahrungsmittel, die Sie während der Essphase verbrauchen, gesund und nährstoffreich sind. Der Verzehr von verarbeiteten Lebensmitteln wird den Zweck der Entgiftung Ihres Körpers zunichte machen.
- Trinken Sie viel Wasser und Flüssigkeiten. Achten Sie beim Fasten darauf, dass Sie genügend Flüssigkeit bekommen, um sich satt und zufrieden zu fühlen. Dies wird Ihnen helfen, den Hunger am Anfang Ihres Fastens zu bändigen.

- Holen Sie sich Unterstützung von Freunden und Familie. Es ist wichtig, dass Sie die Unterstützung Ihrer Freunde und Familie haben, besonders der Menschen, mit denen Sie zusammenleben. Dies wird Sie ausreichend motivieren und Sie davon abhalten, Ihren Ernährungspfad zu verlassen.

Am wichtigsten ist jedoch, dass dies alles von Ihnen abhängt. Die Übergangszeit mag hart sein, besonders in den ersten Tagen. Aber Ihr Engagement und Ihre Tatkraft werden Ihnen helfen, eine bessere Gesundheit zu erreichen und zu erhalten.

Weitere Vorteile des Intervallfastens

Die Vorteile des intermittierenden Fastens sind nicht nur für die Gewichtsabnahme wirksam. Stattdessen kann der Prozess dazu beitragen, die Gesundheit in anderen Bereichen zu fördern. Eine Studie untersuchte zum Beispiel die Auswirkungen des intermittierenden Fastens auf Athleten. In diesem Fall aßen die Teilnehmer der intermittierenden Fastengruppe um 13.00, 16.00 und 20.00 Uhr. Im Gegensatz dazu aß die Kontrollgruppe um 8 Uhr, 13 Uhr und 20 Uhr. Die Menge der verbrauchten Kalorien und die Nährstoffverteilung war in beiden Gruppen gleich. Der Hauptunterschied lag also einfach darin, wann das Essen gegessen wurde. Die Autoren der Studie fanden heraus, dass die intermittierende Fastengruppe Verbesserungen bei einigen Gesundheits-Biomarkern sah, die Muskelmasse aufrecht erhielt und Fett verlor. Ein solches Ergebnis könnte für Sportler und Bodybuilder von besonderer Bedeutung sein und dazu beitragen, eine wünschenswerte Körperzusammensetzung zu fördern.

Die Studie zeigt auch, dass intermittierendes Fasten Effekte hat, die über die Diät hinausgehen. Schließlich aßen beide Teilnehmergruppen die gleiche Anzahl an Kalorien, doch die intermittierende Fastengruppe verlor Fett und profitierte von weiteren Verbesserungen.

Diese Vorteile waren mit einer verbesserten Gesundheit und einem geringeren Krankheitsrisiko verbunden. Ein wichtiges Argument für diese positiven Aspekte des Intervallfastens ist die Vorstellung, dass unser Körper nicht in einem ständig gefütterten Zustand sein soll. Intermittierendes Fasten bietet dem Körper eine Pause von Blutzuckerspitzen und kann dadurch zu positiven Gesundheits-ergebnissen führen.

Ein hierbei besonders relevanter Mechanismus ist die Autophagie. Dies ist ein zellulärer Prozess. Autophagie tritt auf, wenn wir für eine Weile ohne Nahrung auskommen müssen und sie dient dazu, Abfallprodukte aus den Zellen des Körpers zu entfernen, während sie gleichzeitig eine Rolle bei der Zellbildung

spielt. Bis zu einem gewissen Grad tritt Autophagie im Körper auf.
Aber intermittierendes Fasten ist ein Mechanismus, der helfen kann, den Prozess zu fördern. Darüber hinaus hat die Forschung die Autophagie mit einer Reihe von Vorteilen für die Gesundheit verbunden, darunter den Schutz des Gehirns und die Bekämpfung von Krankheiten und Mikroben.

Neue wissenschaftliche Forschung hat das Fasten mit einer Reihe von verschiedenen gesundheitlichen Vorteilen verbunden, einige zellulär, einige im Zusammenhang mit einer verbesserten Glukosetoleranz und einige im Zusammenhang mit anderen Bereichen. In einer Tierstudie wurde beispielsweise festgestellt, dass intermittierendes Fasten die Verschlechterung der Glukosetoleranz verhindert, die typischerweise bei einer kalorienreichen Ernährung auftritt. Eine andere Studie bestätigte diese Ergebnisse und schlug vor, dass intermittierendes Fasten einen Weg zur Verbesserung der Blutzuckerregulierung bieten könnte. Im Übrigen kann diese Art der Ernährung dazu beitragen, die Insulinproduktion wiederherzustellen, obwohl noch mehr Forschung in diesem Bereich erforderlich ist, um die Ergebnisse zu bestätigen.

Die Wissenschaft hat auch gezeigt, dass Intervallfasten die Funktion der Mitochondrien bei nicht adipösen Studienteilnehmern verbessern kann. Dies ist ein besonders wichtiges Ergebnis, da die Mitochondrien eine Schlüsselrolle bei der Energieproduktion im Körper spielen, was darauf hindeutet, dass der Energiemangel, der häufig mit Ernährungs- oder Lebensstiländerungen einhergeht, mit der Zeit abnehmen kann. Eine kalorienarme Fastendiät kann das Krankheitsrisiko reduzieren und die Gesundheitsmarker verbessern. Dazu gehören die Verringerung der Entzündungsursachen und die Verbesserung des Blutdrucks. Schließlich können Veränderungen der Lebens- und Ernährungsgewohnheiten, welche eine Reduzierung des Kalorienverbrauchs einschließen, einschließlich des intermittierenden Fastens, die negativen Aspekte des Alterns verringern und die Gesamtlebensdauer erhöhen.

Jedoch ist die Erforschung des intermittierenden Fastens derzeit noch begrenzt. Realistisch gesehen ist es sehr schwierig,

Ernährungsforschung zu betreiben, da es keinen praktischen Weg gibt, Menschen zu einer Diät zu zwingen und die Menschen oft nicht ehrlich sind, wenn sie Umfragen ausfüllen. Außerdem haben die meisten Forscher nicht die Mittel oder die Fähigkeit, eine Diät langfristig zu studieren, vor allem nicht mit einem experimentellen Modell. Folglich wird es immer Grenzen im Bezug darauf geben, was wir über die Sicherheit und Effektivität des Intervallfastens wissen können. Doch selbst unter Berücksichtigung dieser Einschränkung schlägt die Forschung vor, dass das zeitweilige Fasten mindestens so wirkungsvoll wie andere Varianten für den Gewichtsverlust ist. Darüber hinaus kann es spezifische gesundheitliche Vorteile fördern.

Sport und Intervallfasten

Intermittierendes Fasten hat in der Gesundheitswelt einiges an Beliebtheit gewonnen, da Menschen, die damit experimentieren, beeindruckende Ergebnisse erzielt haben: verbesserte Energieniveaus, stabiler Blutzucker, Gewichtsverlust und mehr. In einer Welt, in der wir alle zwei Stunden nach einem Snack greifen, macht es Sinn, dass unser Körper die natürlichen Fastenmuster unserer Vorfahren begrüßt. Aber wie sieht das optimale Sportverhalten während des Intervallfastens aus? Das hängt von einer Vielzahl von Faktoren ab. Dazu zählt vor allem die Art des Fastens - einige Leute fasten 16 Stunden lang und essen während acht Stunden am Tag. Andere Menschen nehmen nur zwischen 500 und 600 Kalorien an zwei nicht aufeinander folgenden Tagen der Woche zu sich. Wichtig ist auch wie Ihr Körper auf das Fasten reagiert. Es ist entscheidend, auf seinen Körper zu hören. Wenn Sie sich zu schwach fühlen, um beim Fasten zu trainieren, dann sollten Sie sich zuerst um Ihre Ernährung kümmern und später trainieren. Während Sicherheit immer an erster Stelle stehen sollte, ist regelmäßiger Sport eine ausgezeichnete Ergänzung zum Intervallfasten. Nachfolgend finden Sie dazu einige hilfreiche Tipps.

Planen Sie Ihre Mahlzeiten rund um Ihr Training

Machen Sie Ausdauertraining auf nüchternem Magen. Das frühmorgendliche Joggen funktioniert also gut, wenn Sie fasten. Jedoch ist die Wahl der richtigen Lebensmittel am Vorabend entscheidend. Da Sie wissen, dass Sie trainieren werden, sollten Sie darüber nachdenken, was Sie am Vortag essen und dies auf die Intensität des Trainings abstimmen. Sie können Ihre Glykogenspeicher mit komplexen Kohlenhydraten beim Abendessen für die Nacht aufbauen, damit Sie am nächsten Morgen leicht verfügbare Energie für ein Training haben. Sie wollen kein Ausdauertraining auf einem vollen Magen ausüben, da die plötzliche Nachfrage nach Blutfluss von den Muskeln Kapazitäten bindet, welche durch das Verdauungssystem für die

Verarbeitung der Nährstoffe benötigt wird. Der Schlüssel ist, vorausschauend zu planen, damit Ihre Ernährung den Anforderungen der Trainingsintensität auch am nächsten Morgen gerecht wird.

Welche Trainingsformen sollten Sie wählen?

Orientieren Sie sich bei der Auswahl der Trainingsmethoden an Ihrem persönlichen Wohlbefinden. Das Training kann die Form von Ausdauerübungen, Gewichtheben oder Klettern annehmen. Einige Spitzensportler behaupten, dass ihre Kraft nach einer 16- bis 20-Stunden andauernden Fastenzeit ihren Höhepunkt erreicht. Auch kognitiv neigen Menschen dazu, sich klarer und konzentrierter zu fühlen. Je häufiger Sie fasten, desto einfacher wird es und desto mehr Vorteile werden Sie daraus ziehen.

Wenn Sie eine kohlenhydratreiche Diät befolgen, dann müssen Sie bei intensiven Übungen - besonders gegen Ende einer Fastenperiode - besonders aufmerksam sein. In diesen Phasen kann es vorkommen, dass ihnen plötzlich die Kraft ausgeht und Sie sich nicht gut fühlen werden - schwindlig, übel oder schwach. Dies geschieht, wenn die Glykogenspeicher erschöpft sind, was umso wahrscheinlicher ist, je länger Sie gefastet haben. Die gute Nachricht ist: Mit weniger intensiver Bewegung während eines intermittierenden Fastens geht der Körper zum Verbrennen der Fettreserven für die Energiegewinnung über.

Wann Sie eine Pause machen sollten

Wie bereits erwähnt, gibt es nichts Wichtigeres als auf den Körper zu hören, wenn es um Fasten und Bewegung geht. Ein Risiko ist sehr niedriger Blutzucker. Verzichten Sie deshalb zu Beginn einer Fastenperiode auf Übungen mit einer hohen Belastungsschwelle. Der Blutzucker sinkt schnell, Sie fühlen sich schwach und könnten ohnmächtig werden. Mit ein wenig Planung können Sie dies jedoch leicht vermeiden. Das Wichtigste für Menschen, die intermittierend fasten, sei es 14 Stunden oder 16 Stunden vom Abendessen bis zur ersten Mahlzeit am nächsten

Tag, ist, was die erste Mahlzeit des Tages ist und wie das in Ihren Trainingsplan passt. Es ist wichtig, Proteine, komplexe Kohlenhydrate, gesunde Fette und Ballaststoffe während des Essens zu erhalten, um ein gesundes Fasten beizubehalten. Komplexe Kohlenhydrate werden für Trainingstage benötigt. An Ruhetagen wird mehr Eiweiß, ballaststoffhaltige Nahrung sowie Fette benötigt.

Also, da haben Sie es. Trainieren Sie leicht oder hart, planen Sie Ihre Mahlzeiten entsprechend und vor allem:

Hören Sie auf Ihren Körper.

Welche Nahrungsmittel sind während des Intervallfastens sinnvoll?

Bevor Sie die Art und Weise, wie Sie essen und Ihre Ernährung in irgendeiner Weise ändern, sprechen Sie bitte mit einem Arzt, um sicherzustellen, dass es die beste Entscheidung für Sie ist.

Vielleicht ist der Reiz beim Intervallfasten das Fehlen von Lebensmittelvorschriften. Es gibt Einschränkungen, wann Sie essen können, aber nicht unbedingt darüber, was Sie essen können. Sollten Sie also literweise Eiscreme und kiloweise Chips während des intermittierenden Fastens konsumieren? Wahrscheinlich nicht. Deshalb finden Sie nachfolgend eine Liste der besten Lebensmittel, die Sie während des Intervallfastens bedenkenlos essen können. Es gibt zwar zahlreiche Varianten des Intervallfastens, aber die meisten konzentrieren sich auf das Fasten für eine bestimmte Anzahl von Stunden am Tag oder an Wochentagen.

Es gibt keine Spezifikationen oder Einschränkungen darüber, welche Art oder wie viel Nahrung man essen soll, wenn man das intermittierende Fasten ausprobiert. Aber die Vorteile des Intervallfastens sind definitiv nicht dazu geeignet, um konsistente Mahlzeiten in Form von Big Macs zu sich zu nehmen. Eine ausgewogene Ernährung ist der Schlüssel zum Abnehmen, zur Aufrechterhaltung des Energieniveaus und zur Einhaltung einer gesunden Lebensweise. Jeder, der versucht, Gewicht zu verlieren, sollte sich auf nährstoffreiche Lebensmittel wie Früchte, Gemüse, Vollkorn, Nüsse, Bohnen sowie Soja- und magere Proteine konzentrieren. Die Empfehlungen für das Intervallfasten unterscheiden sich nicht sehr von denen, die normalerweise für eine verbesserte Gesundheit vorgeschlagen werden - ballaststoffreiche, unverarbeitete Vollwertkost, die Vielfalt und Geschmack bietet. Nachfolgend finden Sie eine Übersicht der hilfreichsten Lebensmittel, die Sie während des Intervallfastens konsumieren sollten.

Wasser

Auch wenn Sie nicht essen, ist es wichtig, hydriert zu bleiben; nicht zuletzt für die Gesundheit von praktisch jedem wichtigen Organ in Ihrem Körper. Die Wassermenge, die eine Person trinken sollte, variiert. Achten Sie darauf, dass Ihr Urin immer eine hellgelbe Farbe hat. Dunkelgelber Urin deutet auf Dehydrierung hin, die Kopfschmerzen, Müdigkeit und Benommenheit verur-sachen kann. Wenn man das mit begrenztem Essen verbindet, könnte es ein Rezept für eine Katastrophe sein. Wenn der Gedanke an einfaches Wasser Sie abstößt, fügen Sie eine Prise Zitronensaft, ein paar Minzblätter oder Gurkenscheiben hinzu.

Avocado

Es mag unsinnig erscheinen, eine der kalorienreichsten Früchte zu essen, während man versucht, Gewicht zu verlieren. Doch das ungesättigte Fett in der Avocado ist extrem sättigend. Eine Studie ergab sogar, dass das Hinzufügen einer halben Avocado zu Ihrem Mittagessen Sie stundenlang voll halten kann, viel länger jedenfalls als wenn Sie den grünen Edelstein nicht gegessen hätten.

Fisch

Es gibt einen Grund, warum die Ernährungsrichtlinien vorschlagen, mindestens 300g Fisch pro Woche zu essen. Er ist nicht nur reich an gesunden Fetten und Proteinen, sondern enthält auch reichlich Vitamin D. Und wenn Sie nur eine begrenzte Menge an Nahrung während des Tages essen, wollen Sie nicht etwas konsumieren, das mehr Nährstoffe für Ihr Geld liefert? Ganz zu schweigen davon, dass die Begrenzung der Kalorienzufuhr Ihren Verstand durcheinander bringen kann, und Fisch wird gerne als "Gehirnnahrung" angesehen.

Kreuzblütler-Gemüse

Lebensmittel wie Brokkoli, Rosenkohl und Blumenkohl sind alle voll von Ballaststoffen. Wenn Sie unregelmäßig essen, ist es wichtig, ballaststoffreiche Nahrungsmittel zu konsumieren, die Sie langfristig satt halten und Verstopfung verhindern.

Kartoffeln

Nicht alle weißen Lebensmittel sind schlecht. So haben Forscher im Rahmen diverser Studien herausgefunden, dass Kartoffeln eines der sättigendsten Nahrungsmittel sind. Eine weitere Studie ergab, dass der Verzehr von Kartoffeln als Teil einer gesunden Ernährung bei der Gewichtsabnahme helfen könnte. Pommes Frites und Kartoffelchips zählen jedoch leider nicht dazu.

Bohnen und Hülsenfrüchte

Ihre Lieblingsergänzung zum Chili con Carne kann Ihr bester Freund beim Intervallfasten sein. Die kohlenhydratreichen Lebensmittel liefern Energie für Aktivitäten. Während dies nicht heißen soll, dass Sie es übertreiben sollten, würde es definitiv nicht schaden, einige kalorienarme Kohlenhydrate wie Bohnen und Hülsenfrüchte in Ihren Ernährungsplan zu integrieren.

Probiotika

Wissen Sie, was Ihr Magen und Ihr Darm am meisten mögen? Beständigkeit und Vielfalt. Das heißt: Sie sind nicht glücklich, wenn Sie Hunger haben. Und wenn Ihr Darm nicht glücklich ist, können Sie unter einigen irritierenden Nebenwirkungen leiden. Um dieser Unannehmlichkeit entgegenzuwirken, fügen Sie Ihrer Ernährung während des Intervallfastens probiotisch reichhaltige Lebensmittel wie Kefir, Kombucha oder Sauerkraut hinzu.

Beeren

Beeren aller Art sind voll mit lebenswichtigen Nährstoffen. Erdbeeren sind eine gute Quelle für immunstärkendes Vitamin C. Sie enthalten mehr als 100 Prozent des Tageswertes in einer Tasse. Und das ist nicht einmal der beste Teil - eine kürzlich durchgeführte Studie ergab, dass Menschen, die eine flavanoidreiche Ernährung, wie sie in Blaubeeren und Erdbeeren enthalten sind, konsumierten, einen geringeren Anstieg des BMI über einen Zeitraum von 14 Jahren hatten als diejenigen, die keine Beeren aßen.

Eier

Ein großes Ei hat sechs Gramm Eiweiß und ist in wenigen Minuten gekocht. So viel Protein wie möglich zu bekommen ist wichtig, um die Muskeln betriebsfähig zu halten und aufzubauen. Eine Studie ergab, dass Männer, die statt eines Brötchens ein Eierfrühstück aßen, ein geringeres Hungergefühl empfanden und den ganzen Tag über weniger aßen. Mit anderen Worten: wenn Sie während Ihrer Fastenzeit etwas Beschäftigung suchen: warum nicht ein paar Eier hart kochen?

Nüsse

Sie enthalten mehr Kalorien als viele andere gesunde Lebensmittel, aber Nüsse enthalten auch etwas, das die meisten anderen nicht haben - gutes Fett. Forschungen deuten darauf hin, dass die mehrfach ungesättigten Fettsäuren in Walnüssen sogar die Fähigkeit haben, die physiologischen Marker für Hunger und Sättigung zu verändern. Und wenn Sie sich Sorgen um Kalorien machen, seien Sie beruhigt! Eine Studie aus dem Jahr 2012 ergab, dass eine Portion Mandeln (etwa 23 Stück) 20 Prozent weniger Kalorien hat als auf dem Etikett angegeben. Grundsätzlich bricht der Kauvorgang die Mandelzellwände nicht vollständig ab, sodass ein Teil der Nuss intakt und während der Verdauung nicht absorbiert wird.

Vollkornprodukte

Eine Diät und der Verzehr von Kohlenhydraten scheint ein Widerspruch zu sein. Dieser gilt aber nicht immer! Vollkornprodukte sind reich an Ballaststoffen und Proteinen, sodass bereits eine geringe Menge ausreicht, um Sie satt zu halten. Eine neue Studie deutet ferner darauf hin, dass das Essen von Vollkorn anstelle von raffiniertem Getreide Ihren Stoffwechsel wirklich auf Touren bringen kann.

Welche Lebensmittel Sie beim Intervallfasten vermeiden sollten

Zucker

Zucker findet sich heute überall. Kein Wunder, ist er doch eine der Zutaten, auf welche der menschliche Geschmackssinn am stärksten reagiert. Ferner eignet sich der süße Stoff hervorragend zur Konservierung von Lebensmitteln. So gehört Zucker für viele von uns bereits zu einem guten Start in den Tag - etwa, wenn wir unseren Kaffee oder morgendlichen Tee mit Zucker, Honig oder Süßstoffen geschmacklich aufpeppen. Aber nur, weil Tee mit Honig gleich aussieht wie der ohne Zusatz von Süßungsmitteln, bedeutet das noch lange nicht, dass er die gleichen Auswirkungen hat, wenn er einmal im Körper ist. Gesüßte Getränke sind nur reine Einfachzucker, ohne Ballaststoffe oder Fett und verlangsamen die Aufnahme der wichtigen Nährstoffe in den Körper. Das Ergebnis ist das gleiche, als ob Sie eine Handvoll Gummibärchen essen würden: ein schneller Anstieg des Blutzuckers, eine entsprechende Freisetzung von Insulin und ein Ende der Wirksamkeit Ihrer Fastenzeit. Der allseits beliebte Honig hat zwar einige hilfreiche Eigenschaften. Diese kommen aber nicht während des Fastens zum Tragen.

Interessanterweise haben neuere Studien gezeigt, dass auch kalorienfreie Süßstoffe die Freisetzung von Insulin auslösen können. Daher ist es auch wichtig, Sucralose, Stevia und künstliche Süßstoffe während des Fastens zu vermeiden. Wenn Sie wirklich an Ihren gesüßten Getränken hängen, trinken Sie sie während der Mahlzeiten, nicht während Ihrer Fastenzeit.

Koffein

Koffein, welches Sie in Kaffee, schwarzem und grünem Tee finden, kann beim Fasten auch problematisch sein. Das überrascht viele Menschen. Wenn Sie schon Nahrung und Zucker vermeiden, warum sollten Sie sich nicht mit Koffein aufputschen dürfen?

Koffein wird Sie aufmuntern, aber die Wirkung ist nur vorübergehend. Es blockiert die Rezeptoren für Adenosin, die Chemikalie in Ihrem Körper, die Sie schläfrig macht. Aber die Chemikalien gehen nicht weg, nur weil Koffein Ihren Körper dazu bringt, sie zu ignorieren. Das heißt, wenn das Koffein abgenutzt ist, stürzt man typischerweise ab. Menschen mit einer Koffeinabhängigkeit kennen dieses Gefühl gut. Kombinieren Sie das mit dem Fasten und der daraus resultierende Leistungsabfall kann dazu führen, dass Sie nicht mehr richtig funktionieren. Sogar Leute, die gewöhnlich Kaffee mit ihrem Frühstück trinken, können Nebenwirkungen vom Trinken auf einem leeren Magen, einschließlich körperliche Symptome, Stimmungsschwankungen, Verdauungsstörungen und Herzrasen erfahren. Leider ist auch koffeinfreier Kaffee nicht gut für den Magen. Hinzu kommt, dass viele Menschen Kaffee und koffeinhaltigen Tee ohne Sahne, Süßstoff oder andere Zusätze als bitter und ungenießbar empfinden. Also, wenn Sie sich fragen: Wie trinke ich Kaffee, während ich faste? Die einfache Antwort ist, dass es am besten ist, es während des Fastens zu vermeiden.

Tote Kalorien

Dieser Punkt sollte recht offensichtlich sein, aber Kalorien können heimtückisch sein. Abgefülltes Wasser, das für Sportler vermarktet wird, enthält oft Kalorien, ebenso wie klare Brühen, die viele Menschen als nahe Verwandte des Wassers betrachten. Kaugummi enthält Kalorien - ja, nur der Saft vom Kauen, nicht einmal der Kaugummi selbst - und abgefüllte und verpackte Tees sind ebenfalls oftmals voll mit diesen ungesunden Dickmachern.

Vitamine und andere Nahrungsergänzungen enthalten für gewöhnlich auch einige tote Kalorien. Wenn Sie fasten, lassen Sie diese weg bis zur eingeplanten Mahlzeit. Das gilt auch für Hustenbonbons und andere Medikamente. Wenn Sie krank genug sind, um Medikamente zu brauchen, sollten Sie das Fasten aufschieben, bis Sie sich erholt haben. Das bedeutet nicht, dass

Medikamente und Nahrungsergänzungsmittel keinen Platz in Ihrem Leben haben, wenn Sie am intermittierenden Fasten teilnehmen. Am besten ist es aber, wenn man sie zu den Mahlzeiten einnehmen kann. Wenn Ihr Arzt Sie jedoch auf einen strengen Zeitplan für die Einnahme Ihrer Medizin gesetzt hat, sollten Sie diese Leitlinien natürlich befolgen. Die Beherrschung einer Krankheit ist wichtiger als jede Fastenroutine.

Kräuter und Gewürze, die beim Intervallfasten helfen

Kräuter und Gewürze sind der beste Weg, um Lebensmittel ohne zusätzliche Kalorien, Zucker, Natrium oder andere ungesunde Zusätze zu würzen. Das ist entscheidend, wenn Sie versuchen, Gewicht zu verlieren. Warum? Es ist ziemlich einfach: Die Forschung zeigt, dass, wenn Sie den Geschmack dessen, was Sie essen, nicht mögen, es weniger wahrscheinlich ist, dass Sie sich an irgendeine Diät halten. Das gilt unabhängig davon, wie diszipliniert Sie sind. Kräuter und Gewürze geben dem Essen eine beträchtliche Menge an Geschmack. So können Sie dieses vermeintlich langweilige Stück Hühnchen dank ein wenig Rosmarin, Paprika, Meersalz und gemahlenem Pfeffer in eine restaurantwürdige Mahlzeit verwandeln. Außerdem können viele Kräuter und Gewürze Ihren Stoffwechsel anregen und Ihrem Körper helfen, schneller Fett zu verbrennen. Hier sind 12 Kräuter und Gewürze mit wissenschaftlich untermauerten Kräften, die Ihnen helfen, so viel Gewicht zu verlieren, wie Sie wollen.

Kurkuma

Dieses leuchtend gelbe Gewürz kann Ihrem Körper helfen, Fett zu verbrennen. Als sogenanntes "wärmendes Gewürz" erhöht Kurkuma die Körperwärme, was wiederum den Stoffwechsel anregen kann. Das Gewürz hat noch viele weitere gesundheitliche Vorteile, von der Bekämpfung der Alzheimer-Krankheit bis hin zur Eindämmung der Hormone während der Periode der Frau. Versuchen Sie, Kurkuma zu Suppen oder Eintöpfen hinzuzufügen oder über geröstetes Gemüse oder Nüsse zu streuen.

Zimt

Dieses klassische Urlaubsgewürz hat gezeigt, dass es den Blutzuckerspiegel ausgleicht, den Hunger dämpft und Sie länger satt hält. Während Sie vielleicht schon etwas Zimt in Haferflocken streuen, können Sie Ihre tägliche Aufnahme erhöhen, indem Sie das Gewürz in Quark, Joghurt oder in Ihr Lieblingsgebräu mischen, um einen duftenden Tee und vieles mehr zu machen. Zimt ist auch eine gute Ergänzung zu pikanten Gewürzmischungen und Marinaden für Fleisch.

Cayennepfeffer

Wenn Sie jemals versehentlich zu viel von diesem Gewürz verwendet haben, dann wissen Sie, dass Cayenne ein sehr wärmendes Gewürz ist. Das bedeutet, dass Cayenne, ähnlich wie Kurkuma, die Körpertemperatur erhöht und den Stoffwechsel anregt. Tatsächlich kann das Hinzufügen des Gewürzes zu Ihren Speisen Ihnen dabei helfen, bis zu 100 Kalorien pro Mahlzeit mehr zu verbrennen. Versuchen Sie, geröstete Nüsse oder Suppen, Rührei, hausgemachte Dressings oder Dips mit gemahlenem Cayenne zu bestreuen.

Kreuzkümmel

Nur ein Teelöffel Kreuzkümmel bei einer Ihrer Mahlzeiten pro Tag kann Ihnen helfen, bis zu dreimal mehr Körperfett zu verbrennen. Das besagt zumindest eine kürzlich durchgeführte Studie an übergewichtigen Frauen. Das ist eine gute Nachricht, zumal Kreuzkümmel so universell ist, dass er fast jedem Essen Geschmack verleiht. Probieren Sie ihn in Suppen, Eintöpfen, Dressings und Dips aus. Kreuzkümmel passt auch gut zu Pommes Frites, Marinaden und sogar Fladenbroten oder anderen herzhaften Backwaren.

Ingwer

Wie Zimt hilft Ingwer bei der Kontrolle des Blutzuckers, d.h. er kann einen Anstieg des Blutzuckerspiegels nach einer zucker- oder kohlenhydratreichen Mahlzeit verhindern. Das Gewürz hat auch die gleichen fettverbrennenden oder thermogenen Eigenschaften wie Kurkuma und Cayenne. Reiben Sie frischen Ingwer über Pfannengerichte oder gebackenen Fisch. Sie können ihn auch zum Obstsalat geben oder als Tee aufbrühen.

Schwarzer Pfeffer

Wie Ingwer hat auch schwarzer Pfeffer viele fettverbrennende Eigenschaften. Das Gewürz ist auch dafür bekannt, die Ansammlung neuer Fettzellen zu blockieren. Das kann helfen, eine Gewichtszunahme an erster Stelle zu verhindern. Wenn Sie es nicht bereits tun, versuchen Sie, schwarzen Pfeffer allem hinzuzufügen, was Sie essen. Sie können ihn sogar in traditionell gesüßten Nahrungsmitteln wie Joghurt, Hüttenkäse und Haferflocken verwenden.

Kardamom

Kardamom ist ein weiteres dieser thermogenen Gewürze, was bedeutet, dass es hilft, die Körpertemperatur und den Stoffwechsel anzukurbeln. Als Liebling der indischen Küche ist Kardamom fantastisch, wenn es mit Muskatnuss, Zimt, Nelken und Ingwer für eine hausgemachte Curry-Mischung oder einen Chai-Tee gemischt wird. Sie können auch versuchen, etwas von diesem zitrusartigen Gewürz zu Backwaren, Kaffee oder Wildfleisch wie Lamm hinzuzufügen.

Löwenzahn

Während viele Gärtner Löwenzahn als lästiges Unkraut betrachten, wird die Pflanze immer beliebter bei Köchen und Hausköchen. Sie ist eine nahrhafte Möglichkeit, Speisen und Getränken Geschmack hinzuzufügen. Wie sich herausstellt, hat das "Unkraut" auch einige Vorteile bei der Gewichtsabnahme, indem es hilft, Blähungen zu reduzieren und gleichzeitig die Aufnahme von Vitaminen wie A, C und E sowie Mineralien wie Eisen und Kalium zu erhöhen.

Welche Getränke sind für das Intervallfasten geeignet?

Während des Fastens kann Ihr Körper nichts mit energetischem Brennwert aufnehmen. Das heißt: kein Saft, keine Milch, keine Proteinshakes, keine Milchshakes, keine Smoothies. Befindet sich der Körper in einem fastenden Zustand, erhöht er seine Fähigkeit, Körperfett zu verbrennen und Ihren Appetit zu reduzieren. Die ersten Tage können herausfordernd sein, aber danach werden Sie keinen Unterschied in der Stärke des Hungers feststellen und Sie werden sich relativ schnell an das Fehlen der regelmäßigen Zufuhr von Nahrung gewöhnen. Die folgenden Getränke werden Ihnen helfen, während des Fastens Gewicht in der effektivsten und effizientesten Weise zu verlieren. Sie fördern zudem die zelluläre Entgiftung, einen gesunden Darm, und sind gut für den Stoffwechsel.

Tee

Sie sollten während des Fastens jede Menge Tee trinken, da er wenig Kalorien enthält und Ihren Gewichtsverlust nicht entgleisen lässt. Das bedeutet, dass Sie Ihrem Tee keinen Zucker, keine Sahne und auch keine Milch hinzufügen können; trinken Sie ihn einfach und schlicht. In geringen Maßen erlaubt sind künstliche Süßstoffe, wenn Sie Ihren Tee gesüßt bevorzugen. Sowohl heißer als auch kalter Tee sind akzeptabel.

Kräutertee

Kräutertees schmecken großartig und können nach dem Training oder am Ende des Tages extrem beruhigend und entspannend sein. Kräutertees können helfen, den Hunger zu stabilisieren und Ihren Körper zu entgiften. Sie fördern einen gesunden Schlaf, reduzieren Entzündungen, stärken Ihr Immunsystem und helfen beim Verbrennen von Körperfett. Versuchen Sie, grünen Tee,

Oolong, Minztee, weißen Tee oder Rooibos während des Intervallfastens zu trinken. Dies wird Ihnen beim Hunger(n) helfen.

Wasser

Fasten kann für manche Menschen gesund sein, aber ein Mangel an Flüssigkeit kann über einen längeren Zeitraum gefährlich sein. Ihr Körper braucht Wasser, um hydriert zu bleiben und ein zu langer Verzicht könnte zu gesundheitlichen Problemen führen, einschließlich Hirnschwellung, Hitzschlag, Nierenversagen und sogar zum Tod. Erlaubt ist die Zugabe von Zitronensaft und Ahornsirup zu Ihrem Wasser. So erhalten Sie eine zusätzliche Dosis Energie und Geschmack. Sie können auch Gemüse in Wasser kochen, das Gemüse herausnehmen und dann trinken, was übrig bleibt. Ein besonderer Tipp: fügen Sie rosa Himalaya-Salz oder Steinsalz hinzu, um Hyperthyreose zu verhindern. Das darin enthaltene Salz und Kalium könnte Ihre Energie zurückbringen und Müdigkeit reduzieren.

Saft

Saft ist nicht kalorienfrei und würde eigentlich nicht in das intermittierende Fastenprogramm passen. Für längere Fastenzeiten benötigen Sie jedoch einige Nährstoffe, um Ihre Kraft aufrecht-zuerhalten. Sie sollten 100-prozentigen Obst- oder Gemüsesaft wählen. Diese Säfte enthalten die Vitamine A und C, Kalium und Eisen und bieten Ihrem Körper Energie, um durch Ihr Fasten zu kommen.

Backpulver

Nein, das ist kein Scherz. Ob Sie es glauben oder nicht, Backpulver hat einige erstaunliche gesundheitliche Vorteile. Trinken Sie es während Ihrer Fastenphase und es wird Ihnen bei Verdauungs-problemen, Blähungen, Müdigkeit, Muskelkater, und auch beim Erhalt eines gesunden Verhältnisses in Bezug auf den Säuregehalt und pH-Werten in Ihrem Körper helfen. Geben Sie einen Teelöffel zu einem Glas Wasser und trinken Sie es in einem Zug.

Glaubersalz

Trinken Sie 5-20g Glaubersalz mit einem der hier vorgeschlagenen Getränke während Ihres intermittierenden Fastens, um Blähungen zu reduzieren und Ihren Verdauungstrakt zu reinigen.

Apfelessig

Die geheime Zutat für Ihr intermittierendes Fasten ist Apfelessig. Es hat antibakterielle Eigenschaften, keine Kalorien und einige Supermineralien wie Kalium, Magnesium, Eisen und Kalzium. Diese Mineralien töten schlechte Darmbakterien ab und sind gut für den Stoffwechsel. Apfelessig bricht nicht das Fasten, sondern verbessert es nur. Trinken Sie morgens 1-2 EL, mit Wasser und Zitronensaft vermischt, um den Blutzucker und die Verdauung zu regulieren und die Insulinempfindlichkeit zu erhöhen.

10 Arten des Intervallfastens

Intermittierendes Fasten ist ein praktisches Hilfsmittel für diejenigen, die Gewicht verlieren und die allgemeine Gesundheit verbessern wollen. Während die meisten Arten des Intervallfastens einen großen Nutzen haben, gibt es dennoch zahlreiche verschiedene Möglichkeiten, es zu tun. Wenn Sie nicht sicher sind, wie Sie anfangen sollen oder sich fragen, welche Fastenmethode für Sie am besten geeignet ist, kann Ihnen der Inhalt dieses Kapitels helfen. Wir werfen einen genaueren Blick auf zehn verschiedene Varianten des Intervallfastens und schauen uns die entsprechenden Vor- und Nachteile genau an.

1) Tägliches Intervallfasten

Dies zählt zu den beliebtesten Arten des intermittierenden Fastens. Zum Beispiel könnte jemand das Frühstück überspringen und seine erste Mahlzeit am Mittag einnehmen, dann den Rest des Tages regelmäßig essen, aber um 20 Uhr aufhören zu essen. Das bedeutet, Sie würden 8 Stunden lang essen und 16 Stunden lang fasten. Diese Zeitfenster sind jedoch nur ein Beispiel. Einige Leute mögen es vorziehen, später am Tag mit dem Essen zu beginnen. Ein solcher Ansatz eignet sich zum Beispiel besonders gut für diejenigen, die es gewohnt sind, das Frühstück auszulassen. Auch die jeweils einzuhaltenden Fastenzeiten können unterschiedlich lang ausfallen. Einige Leute essen innerhalb eines kleinen Zeitrahmens, wie zum Beispiel sechs, vier oder zwei Stunden und nehmen vielleicht auch nur eine große Mahlzeit pro Tag zu sich.

Der Vorteil dieser Methode liegt darin, dass die meisten Menschen den größten Erfolg damit haben, wenn sie sich an einen regelmäßigen Essenszeitplan halten und das Fasten an ihren Lebensstil anpassen.

Abgesehen davon, dass es möglicherweise etwas Zeit braucht, um sich an ein Fastenfenster anzupassen, das für Sie funktioniert, gibt es nicht viele Nachteile für diese Methode. Stellen Sie einfach sicher, dass Sie gut essen und genügend Kalorien zu den Zeiten essen, in denen Sie nicht fasten.

2) Tägliches alternierendes Intervallfasten

Bei dieser Methode halten Sie mindestens 24 Stunden ohne Essen aus. Das heißt, wenn Ihre letzte Mahlzeit heute um 18 Uhr war, dann würden Sie erst wieder morgen um 18 Uhr essen. Sie können und sollten jedoch viele kalorienfreie Getränke zu sich nehmen. Diese Methode ist unglaublich einfach in der Anwendung - man isst nur ein- bis zweimal pro Woche etwa 24 Stunden lang nichts. Sie können während des Fastens soviel Wasser und andere kalorienfreie Getränke trinken, wie Sie möchten. Nach dem 24-Stunden-Fasten essen Sie eine normale Mahlzeit. Der beste Weg, nach dem Fasten zu essen, ist, so zu tun, als ob man nicht fasten würde. Essen Sie nicht zu viel, weil Sie seit 24 Stunden nichts gegessen haben; essen Sie einfach eine normale Mahlzeit.

Diese Methode beinhaltet das Fasten für ein paar Tage pro Woche. An den anderen Tagen essen Sie so, wie Sie es normalerweise tun. Zum Beispiel könnten Sie am Montag und Mittwoch fasten und den Rest der Woche normal essen.

Eine Variante hiervon ist die 5:2-Methode, die später noch ausführlich erklärt wird. Vorteilhaft hierbei ist, dass das Fasten an wechselnden Tagen für die meisten Menschen sehr nützlich und einfach in Ihre Abläufe zu integrieren sein kann. Es ermöglicht Ihnen die Freiheit, Ihre Woche individuell zu gestalten.

Das vollständige oder nahezu vollständige Einschränken der Aufnahme von Kalorien an den zwei Tagen der Woche könnte für einige jedoch auch schwieriger sein, als eine tägliche Fastenroutine innerhalb eines bestimmten Zeitfensters einzuhalten. Die Qualität der Lebensmittel ist definitiv wichtig. Wenn Sie sich nicht auf nährstoffreiche, kohlenhydratarme Lebensmittel konzentrieren, können die kalorienarmen Tage wirklich unangenehm werden. Diese Form des Intervallfastens kann auch für manche Menschen zu schwierig sein - vor allem für jene, die Schwierigkeiten damit haben, längere Zeit ohne Essen auszukommen. Manche Menschen bekommen Kopfschmerzen, werden müde oder launisch, wenn sie nicht regelmäßig Nahrung zu sich nehmen. Die Erfahrung zeigt jedoch, dass viele Betroffene nach ein paar Fastenphasen aus diesen Gewohnheiten herauswachsen. Wenn Sie diese Methode ausprobieren wollen, sollten Sie einfach langsam beginnen und die Fastenphasen mit zunehmender Dauer verlängern.

Für diejenigen, die diese Methode des intermittierenden Fastens bevorzugen, wird empfohlen, dass sie an ihren geschäftigsten Tagen fasten. Auf diese Weise konzentrieren Sie sich nicht darauf, keine Nahrung zu essen und potenziellen Hunger zu stillen, sondern Sie können sehr produktiv sein. Auch wenn Sie wissen, dass Sie ein Familienfest oder ein anderes geselliges Beisammensein planen, können Sie Ihre Fastentage entsprechend anpassen. Mit dieser Form des Intervallfastens müssen Sie keine Kalorien zählen, Nahrung wiegen oder gar auf Ihre Lieblingsspeisen verzichten. Daher gibt es keine "verbotenen Lebensmittel". Viele Menschen, die in der Vergangenheit eine Diät gemacht haben, können nicht glauben, wie einfach diese Methode ist und welche erstaunlichen Ergebnisse sie - ganz ohne Stress - bringt.

3) Überspringen einer Mahlzeit

Es ist ziemlich selbsterklärend: bei dieser Form des Intervallfastens wird nur eine Mahlzeit am Tag ausgelassen. Zum Beispiel würden Sie nur zwei von den "normalen" drei Mahlzeiten pro Tag essen und eine der üblichen Zeiten für Frühstück, Mittagessen oder Abendessen auslassen.
Das einfache Überspringen einer Mahlzeit funktioniert gut, wenn Sie neu im Fasten sind und es einfach halten wollen. Zudem ist es ist eine einfache Möglichkeit, Zeit und Geld zu sparen, wenn Sie reisen oder ohne Essen für eine bestimmte Mahlzeit festsitzen.
Ein möglicher Nachteil: Manchmal kann das Überspringen einer Mahlzeit ohne korrekte Planung einen dazu veranlassen mit den anderen Mahlzeiten zu viel zu essen.

4) Fett-Fasten

Dies ist eine gängige Methode, um ein Gewichtsverlustplateau zu brechen. Etwa 80-90% der Kalorien bei dieser Variante des Intervallfastens stammen aus Fett und die Kalorienzufuhr wird in der Regel sehr gering gehalten.

Der hohe Fettanteil hilft Ihnen, zufrieden zu bleiben und den Hunger zu reduzieren, was die Fastenzeiten wesentlich einfacher macht als eine kohlenhydratreiche Ernährung. Der Nachteil: Fett-Fasten kann hart sein, da man sich schnell langweilen kann, weil immer wieder die gleichen Nahrungsmittel auf dem Teller landen. Wegen der niedrigeren Kalorienzufuhr ist es außerdem keine gute Idee, diese Variante langfristig zu nutzen. Es sollte über einen kürzeren Zeitraum (nicht mehr als 3-5 Tage auf einmal) für schnellere Ergebnisse durchgeführt werden, so dass es sich wirklich lohnt, wenn Sie während dieser Zeit Disziplin und Willen beweisen.

5) Die Krieger-Diät

Die Krieger-Diät beinhaltet das Essen einer kleinen Menge Obst, Gemüse und schnell zu assimilierender Proteine wie Joghurt oder Molke alle paar Stunden und das Essen einer sehr großen Mahlzeit innerhalb der letzten vier Stunden Ihres Tages.
Da kleine Snacks vor dem Abend erlaubt sind, kann diese Variante einfacher sein, als tagsüber ganz auf Essen zu verzichten. Manche Menschen mögen es vielleicht auch, nachts viel zu essen. Außerdem fördert diese Form des Intervallfastens die Auswahl an hochwertigen Lebensmitteln und den Verzicht auf den Zusatz von Zucker und verarbeiteten Lebensmitteln.
Die Ermutigung zu einem großen Schlemmerfest in der Nacht kann jedoch auch dazu führen, dass einige zu viel essen. Das zieht vielleicht Verdauungsproblemen spät in der Nacht nach sich.

6) Nur essen, wenn Sie hungrig sind

Auch wenn dies keine strukturierte Art des Intervallfastens ist, ist es doch auch eine Art des Fastens, wenn man seinem Hunger lauscht. Grundsätzlich gilt dabei: Wenn Sie keinen Hunger haben, obwohl es "Zeit" zum Frühstück ist, überspringen Sie es einfach! Oder verzichten Sie auf das Mittag- oder Abendessen, wenn Sie in dieser Zeit keinen Hunger haben.

Diese Methode erlaubt Ihnen, auf Ihren Körper zu hören. Sie ignorieren einfach, dass Sie glauben, dass Sie essen müssen, weil es gerade eine bestimmte Zeit des Tages ist.

Ein möglicher Nachteil liegt darin, dass - ähnlich wie beim Überspringen einer Mahlzeit und der 5:2-Methode - diese Art des Fastens nicht immer das Erreichen des Fettverbrennungszustands Ihres Körpers garantiert. Und wie bei jeder anderen Fastenmethode ist gutes Essen ein Muss für beste Ergebnisse.

7) 5:2 Intervallfasten

Bei der 5:2-Variante fasten Sie, indem Sie sich fünf Tage lang wie gewohnt ernähren und dann zwei Tage die Woche Ihre Kalorienzufuhr eingrenzen. Die 5:2-Methode des intermittierenden Fastens hilft bei der Gewichtsabnahme, erhöht die Insulinempfindlichkeit und verbessert Gesundheitsindikatoren wie den Blutdruck. Dies ist sogar noch effektiver als das regelmäßige Essen einer kalorienreduzierten Diät. Es ist auch eine weniger langwierige Art des Fastens, weil Sie nicht protokollieren müssen, was Sie an den normalen Diättagen essen.

8) Zwei-Drittel-Methode

Bei dieser Form des Intervallfastens fasten Männer jeden Tag 16 Stunden und Frauen 14 Stunden. Wenn Ihre letzte Mahlzeit heute Abend um 20 Uhr ist, würden Sie also erst morgen um 10 Uhr (Frauen) oder 12 Uhr (Männer) wieder essen. Wie bei den anderen zuvor beschriebenen Methoden des intermittierenden Fastens konsumieren Sie während der Fastenzeit keine Nahrungsmittel oder kalorienhaltigen Getränke. Wasser, zuckerfreie Kaugummi und andere kalorienfreie Getränke sind in Ordnung. Diese Methode ist daher sehr einfach einzuhalten.

Für viele Anhänger bedeutet es im Allgemeinen, dass sie das Frühstück überspringen. Für manche könnte dies zunächst recht schwierig sein, vor allem, wenn sie sich von der beliebten "Das Frühstück ist die wichtigste Mahlzeit des Tages"-Denkweise beeinflussen lassen. Manche Menschen fühlen sich auch krank, träge oder unkonzentriert, wenn sie nicht gleich morgens essen. Empfehlenswert ist es, drei Mahlzeiten pro Tag ohne Zwischenmahlzeiten einzunehmen. Zwei große Mahlzeiten tun es jedoch auch. Da Sie nur drei (oder zwei) Mal pro Tag essen werden, werden Sie größere Mahlzeiten essen und das bedeutet, dass Sie sich tatsächlich satt fühlen werden. Das ist ein großer Vorteil dieser Variante.

Ein soziales Leben zu haben ist mit dieser Methode des Intervallfastens ebenfalls viel einfacher als mit anderen Varianten. Da Sie größere Mahlzeiten einnehmen können, ist es einfacher, in Restaurants zu gehen und gesellschaftlichen Veranstaltungen beizuwohnen, ohne sich über das, was Sie essen werden, Gedanken machen zu müssen. Diese Art des intermittierenden Fastens kann für den Fettverlust, Muskelaufbau und sogar als allgemeine Ernährungsweise verwendet werden, sodass sie für jedes Ziel geeignet ist.

9) Tägliches partielles Fasten

Grundsätzlich führen Sie hierbei jeden Tag eine 20-stündige Teilfastenzeit durch und haben dann eine große Mahlzeit in der Nacht. Während des Fastens können Sie einige Portionen rohes Obst und Gemüse, frische Fruchtsäfte und einige Portionen Eiweiß (Proteinshake, einige Nüsse, gekochte Eier etc.) zu sich nehmen. Die Portionsgrößen sind jedoch recht klein zu halten. Bei dieser Variante des Intervallfastens essen Sie Ihre Hauptmahlzeit nachts. Es gibt zudem Richtlinien, was man essen soll und in welcher Reihenfolge man bestimmte Lebensmittel essen soll - zuerst Gemüse, dann Fleisch, dann Süßes. Einige der Empfehlungen sind ziemlich starr und können auf lange Sicht schwer zu befolgen sein. Eine große Mahlzeit nachts zu essen, funktioniert schließlich auch nicht für jeden. Es kann zudem schwierig sein, alle benötigten Nährstoffe mit nur einer großen Mahlzeit zu bekommen. Es kann auch dazu führen, dass man sich auf die falschen Lebensmittel stürzt. Manche werden unweigerlich denken: Nun, ich habe den ganzen Tag kaum etwas gegessen, also kann ich alles essen, was ich will. Dann essen sie jede Nacht nur noch Pizza, Pommes und Kekse.

Sie müssen sich hierbei jedoch auch nicht den ganzen Tag um das Essen kümmern. Für viele Menschen ist dies der größte Vorteil. Da Sie die überwiegende Mehrheit Ihrer Mahlzeiten nachts einnehmen, müssen Sie sich keine Sorgen um die Zubereitung von Speisen während des Tages machen. Das spart Geld. Sie werden nicht so viel essen, wie Sie es normalerweise tun, also werden Sie wahrscheinlich etwas Geld beim Einkaufen sparen. Sie profitieren ferner von erhöhten Energiereserven in Ihrem Körper. Diese Methode ist wahrscheinlich für den Fettabbau am besten geeignet und eher weniger für den Aufbau von Muskelmasse. Es kann jedoch schwierig sein, sozialen Zusammenkünften, die während des Tages stattfinden, beizuwohnen und dabei konsequent in Bezug auf das Fasten zu bleiben.

10) Kombinationsfasten

Was bekommen Sie, wenn Sie die bekanntesten intermittierenden Fastenmethoden - Eat Stop Eat, Krieger-Diät und die 20-Stunden-Regel in einer Methode kombinieren? Die Antwort: Sie erhalten ein hybrides Fastenprogramm, das alle populären Methoden auf die intelligenteste und raffinierteste Weise verbindet. Und das alles für einen Zweck: um die Stärken jeder Methode zu nutzen und um die individuellen Schwächen auszugleichen.

Was sind die möglichen Nachteile?

Erstens - wenn Sie nicht gut mit den anderen Formen des intermit-tierenden Fastens zurechtkommen, dann wird Ihnen auch diese definitiv nicht gefallen. Außerdem müssen Sie an bestimmten Tagen eine bestimmte Methode anwenden, was für einige Personen verwirrend oder zu herausfordernd sein kann. Die andere mögliche Problemquelle ist, dass es einige Menschen an den fastenfreien Tagen übertreiben und Tonnen von Lebensmitteln konsumieren, die nichts anderes sind als verarbeiteter, ungesunder Ballast. Benutzen Sie das Intervallfasten nicht als Entschuldigung, um sich ungesund zu ernähren. Wenn Sie nicht gut mit den "freiheitlichen" Tagen umgehen, dann ist dies vielleicht nicht die richtige Methode für Sie.

Schlusswort

Der größte Vorteil des Intervallfastens ist die Einfachheit.

In einem Interview beschrieb der ehemalige US-Präsident Obama eine interessante Strategie, mit der er sein Leben einfacher macht. Er behauptet, dass er nur graue oder blaue Anzüge trage. Damit versucht er, die Entscheidungen einzuschränken. Er will keine Entscheidungen darüber treffen, was er isst oder anzieht, weil er zu viele andere Entscheidungen zu treffen hat. Was Obama meint, ist ein Konzept namens "Entscheidungsermüdung". Dies kann auch Ihre Entscheidungsfähigkeit im Laufe des Tages drastisch beeinflussen.

Für den Ex-Präsidenten ist die Vereinfachung seiner Kleiderwahl ein Weg, das Leben einfacher zu machen und seine Entscheidungsfähigkeit zu verbessern. Für Sie bietet das intermittierende Fasten den gleichen Nutzen. Durch den Verzicht auf das Frühstück oder den Verzicht auf das Essen in bestimmten Phasen des Tages können Sie die Anzahl der Entscheidungen, die Sie treffen müssen, reduzieren und so die Entscheidungsmüdigkeit und die Willenskraft für den Rest des Tages erhöhen. Das bedeutet, dass Sie mehr Energie haben, um die Arbeit zu tun, die Ihnen wichtig ist. Eine der besten Möglichkeiten, Glück und Erfolg im Leben zu finden, ist, die unnötigen Dinge wegzunehmen und sich nur auf das zu konzentrieren, was nötig ist. Mit intermittierendem Fasten versetzen Sie sich in die Lage, Ihre Kraft zu steigern, das Körperfett zu reduzieren und die Gesundheit zu erhalten, während Sie weniger Zeit damit verbringen, jeden Tag zu essen. Wenn Sie die gleichen Ergebnisse erzielen können, indem Sie das Leben einfacher machen und nur zweimal am Tag essen, warum sollten Sie das Leben komplexer machen, indem Sie drei, vier oder fünf Mal am Tag essen?

Intermittierendes Fasten ist ferner eine ausgezeichnete Reisestrategie.

Wer beruflich oder privat viel reist, ärgert sich regelmäßig über den Mangel an gesunden Lebensmitteln an Bahnhöfen, auf Flughäfen und Co. Die Lösung? Behandeln Sie Ihre Reisetage wie einen Fastentag und essen Sie am nächsten Tag doppelt so viel gutes Essen.

Ein weiterer Vorteil des Intermittierenden Fastens: es wird Ihrer Gesundheit - im Gegensatz zu vielen anderen populären Diätmethoden - nicht schaden, sondern diese sogar verbessern. Wer könnte schon ein Interesse daran haben, intermittierend zu fasten, wenn es die langfristige Gesundheit für kurzfristige Verbesserungen opfert.

Natürlich kann man nicht versprechen, dass jeder Körper ähnlich positiv auf das Intervallfasten reagieren wird. Beachten Sie bei all dem Vorgenannten deshalb immer: intermittierendes Fasten ist keine Zauberpille.

Viele hoffen, dass intermittierendes Fasten allein eine Geheimwaffe für Gesundheit und Fettverlust ist. Die Realität sieht natürlich ganz anders aus. Sie werden erst dann die Ergebnisse sehen, die Sie wollen, wenn Sie das intermittierende Fasten mit einer gesunden Ernährung aus echten, vollwertigen Lebensmitteln und konsequentem Sport kombinieren.

Das intermittierende Fasten ist nur ein weiteres Werkzeug in Ihrem Werkzeugkasten. Genauso wie eine gesunde Ernährung mit echten, vollwertigen Lebensmitteln ein weiteres Werkzeug ist. Und regelmäßiges Training. Und Meditation oder Yoga, um Stress abzubauen. Und mindestens 8 Stunden pro Nacht zu schlafen. Sie sehen, worauf wir hinauswollen...
Sie können nicht in allen Bereichen ein ungesundes Leben führen und erwarten, dass eine Sache alle Ihre Probleme löst. Aber Sie können langsam ein Stück hier oder dort verändern, mit sich selbst experimentieren und allmählich eine Gesundheitsstrategie entwickeln, die für Sie, Ihre Ziele und Ihren Lebensstil funktioniert. Tatsächlich können Sie Ihre Gesundheitsziele nämlich auch ohne intermittierendes Fasten erreichen - wenn Sie richtig essen und konsequent trainieren.

Wenn Sie schlecht essen oder wenn Sie für einen Iron Man trainieren oder wenn Ihr Job Ihnen nicht die Flexibilität lässt, Ihre Mahlzeiten in einem 8-Stunden-Fenster zu essen, dann ist Intervallfasten vielleicht nichts für Sie. Und das ist in Ordnung. Sie können mit anderen Möglichkeiten experimentieren, um Ihre Ziele zu erreichen.

Es könnte einfacher sein, eine Studie zu zitieren oder dem Rat eines Diät-Gurus zu folgen, aber der einzige Weg, um Ergebnisse zu erhalten, ist zu testen, anzupassen und zu wiederholen. Ob es sich nun um das Intervallfasten oder um etwas ganz anderes handelt: haben Sie Vertrauen in sich und hören Sie auf Ihren Körper, dann kann das Intervallfasten zu einer positiven Ergänzung für Ihr Leben werden. Frohes Hungern!

☛ BONUS ☚

So stoppen Sie den Jo-Jo-Effekt

Ein Problem, mit dem viele bei einer Diät konfrontiert sind, ist der so genannte Jo-Jo-Effekt. Dabei verlieren Menschen bei einer Diät zunächst einen Teil Ihres Körpergewichts, nehmen in der Folge jedoch wieder zu und landen in nicht wenigen Fällen bei einem höheren Gewicht als vor der Diät. Warum ist es so schwierig, das Gewicht fernzuhalten? Was sind die schädlichen Auswirkungen des Jo-Jo-Effekts und was kann man dagegen tun? Dieses Kapitel erklärt es und gibt Ihnen Tipps, die Ihnen helfen können, ihn zu verhindern.

Was ist der Jo-Jo-Effekt?

Der Jo-Jo-Effekt ist eine sehr häufig vorkommende Situation, mit der viele Menschen regelmäßig kämpfen, um ihr Zielgewicht zu halten. Man verschreibt sich für einige Zeit einer Diät oder einem veränderten Ernährungsverhalten und erzielt damit auch kurzfristig Erfolge. Sobald man jedoch wieder zu seinen ursprünglichen Essgewohnheiten zurückkehrt, schlägt diese unbarmherzige Metallnadel in der Waage wieder in die entgegengesetzte Richtung aus. Nicht selten landet sie dabei auf einer Zahl, die über dem Gewicht liegt, dass man vor dem Beginn der Diät hatte. Dies wird zu einem Teufelskreis, der eine Gewichtsabnahme immer schwieriger macht und nicht nur negative Auswirkungen auf den Körper hat, sondern auch schwerwiegende Folgen für die psychische Gesundheit haben kann.

Was sind die schädlichen Auswirkungen des Jo-Jo-Effekts?

Extreme Diäten oder langfristige Kalorieneinschränkungen können viele schädliche Nebenwirkungen auf Ihre Gesundheit und Ihr Wohlbefinden haben. Einige dieser Effekte sind:

1. Körperliche Belastung

Abnehmen ist im Grunde eine Form des Verhungerns, die Ihrem Körper signalisiert, dass nicht genügend Nahrung zur Verfügung steht und Ihren Körper in den "Überlebensmodus" versetzt. Dadurch wird es zunächst schwieriger, Gewicht zu verlieren. Dies wird nicht nach ein paar Tagen geschehen, aber längere Zeiträume der Kalorieneinschränkung können zu allen Arten von unvorteil-haften Anpassungen führen.

Ein weiterer Nachteil von Diätstress ist, dass er einen negativen Einfluss auf Ihren Schlaf hat, der Ihre Willenskraft drastisch reduzieren kann und auch dazu führen kann, dass Sie zu viel essen.

2. Verlust von Muskeln und fettfreier Körpermasse

Der größte Teil des Gewichtsverlustes während einer Crash-Diät wird zunächst durch den Verlust von Flüssigkeit und Muskeln anstelle von Körperfett verursacht. Wenn Ihre Muskelmasse abnimmt, passt sich Ihr Körper an, indem er Ihren Stoffwechsel verlangsamt. Dies macht es fast unmöglich, mehr Gewicht zu verlieren, weil Ihr Körper beginnt, Energie zu sparen und seine Fettreserven zu schützen.

Dies ist auch der Grund dafür, warum es gut ist, irgendeine Form von Krafttraining zu machen - und auch genügend Protein zu essen. Es hilft Ihnen, Ihren Körper am Verlust von zu viel magerer Körpermasse während einer Diät zu hindern.

3. Ständiger Hunger

Alle Fettzellen in Ihrem Körper produzieren Leptin. Leptin ist ein Hormon, das den Hunger kontrolliert, indem es Ihrem Gehirn signalisiert, dass genügend Energie zur Verfügung steht.
Wenn Sie eine Diät machen, sinkt die Menge an Leptin in Ihrem Körper. Das steigert Ihren Appetit und Ihren Hunger, denn Ihr Körper will Ihre Fettzellen wieder auffüllen.

4. Mentaler Stress

Der Jo-Jo-Effekt kann sich auch negativ auf Ihre geistige Gesund-heit auswirken.
Er kann eine "Diät-Mentalität" schaffen, in der Sie zu sehr mit Ihrem Gewicht beschäftigt sind und an einen Punkt gelangen, an dem Sie manisch Kalorien zählen und sich ständig darauf konzentrieren, was Sie essen können oder nicht.

5. Es ist schlecht für die Gesundheit.

Ein Gewichtsverlust kann Ihre Gesundheit verbessern und Ihnen helfen, Ihr Risiko für verschiedene Krankheiten wie Bluthochdruck, Typ-2-Diabetes, Herz-Kreislauf-Erkrankungen und Krebs zu reduzieren. Das bedeutet jedoch nicht, dass Sie gesünder werden, wenn Sie versuchen, Gewicht zu verlieren. Abnehmen ist mit viel körperlichem und geistigem Stress verbunden und die (erneute) Gewichtszunahme als Folge des Jo-Jo-Effekts erhöht das Risiko für diese chronischen Krankheiten sogar noch. Damit soll nicht behauptet werden, dass Sie nicht versuchen sollten, Gewicht zu verlieren. Bedenken Sie jedoch, dass es nicht immer das Beste für Ihre Gesundheit ist.

Wie stoppen Sie den Jo-Jo-Effekt?

Ein falscher Ansatz für die Gewichtsabnahme wird es tatsächlich immer schwieriger machen, Gewicht zu verlieren und das Gewicht zukünftig auf einem gesunden Niveau zu halten. Hier sind fünf wichtige Tipps, die Ihnen helfen können, Gewicht in einer gesunden Weise zu verlieren und den Jo-Jo-Effekt zu verhindern.

1. Stoppen Sie die ewigen Diäten

Viele Menschen, die "auf Diät gehen", betrachten dies als eine (kurze) Zeitspanne, in der sie eine Reihe von (strengen) Regeln befolgen müssen, um abzunehmen. Sie denken, dass sie zu ihren alten Ernährungsmustern zurückkehren können, sobald sie ihr Ziel erreicht haben. Oft wollen sie auch so schnell wie möglich abnehmen. Es gibt jedoch keine temporäre und/oder schnelle Lösung. Wenn Sie derzeit übergewichtig sind, dann ist das wahrscheinlich das Ergebnis Ihres derzeitigen Lebensstils und Ihrer täglichen (Ess-)Gewohnheiten. Erkennen Sie die Ursachen für Ihr Übergewicht, vor allem in Bezug auf Ihre tägliche Lebensmittelwahl. Verinnerlichen Sie auch, dass Sie sich von nun an von Ihren alten Gewohnheiten verabschieden müssen, weil sie nicht zu Ihrem langfristigen Ziel beitragen.

Die beste Diät ist keine Diät, sondern ein Lebensstil und eine Art zu essen. Dies beinhaltet zwangsläufig einige Regeln und Richtlinien, die Sie für den Rest Ihres Lebens einhalten sollten.

Das heißt jedoch nicht, dass Sie sich sechs Tage die Woche einschließen müssen oder dass Sie hungern müssen. Aber wenn Sie Gewicht verlieren wollen, müssen Sie auf jeden Fall ein paar Dinge ändern und einige dauerhafte Veränderungen in Ihrem Leben vornehmen. Das wird nicht einfach sein, aber notwendig, wenn Sie wirklich nicht (wieder) zunehmen wollen.

2. Beginnen Sie mit dem Aufbau neuer Gewohnheiten

Unser Körper ist das Ergebnis dessen, was wir immer wieder tun. Es ist daher von entscheidender Bedeutung, sich mit Ihren aktuellen Gewohnheiten und Alltagsroutinen auseinanderzusetzen und sich zu fragen, was geändert werden muss. Was sind Ihre Gewohnheiten? Welche dieser Gewohnheiten tragen derzeit zu Ihrem Ziel bei und welche nicht? Was ist Ihre nahrungstechnische Achillesferse? Welche Dinge sind Sie bereit aufzugeben und was nicht?

Wenn Sie sich diese Fragen gestellt und beantwortet haben, dann erstellen Sie einen strukturierten Plan. Finden Sie einen Freund oder einen Coach, der Ihnen helfen kann, konsequent zu bleiben und diesen Zyklus der Jo-Jo-Diät dauerhaft zu durchbrechen.

3. Essen Sie nicht weniger, sondern besser

Viele Diätbücher predigen die Illusion, dass man alles essen kann, was man will und trotzdem Gewicht verlieren kann. Wenn Sie jedoch ernsthaft Gewicht verlieren und dieses Gewicht weghalten möchten, dann müssen Sie anerkennen, dass Sie nicht in der Lage sein werden, bestimmte Sachen zu essen. Viele Lebensmittel, die wir in unseren Lebensmittelgeschäften und unserer (sozialen) Umwelt finden, tragen nicht zu unserer Gesundheit bei. Produkte wie Frühstückscerealien, Fruchtsäfte, Erfrischungsgetränke, Kekse, Süßigkeiten, Wurstwaren, Salataufstriche und vieles mehr sind zwar meist schmackhaft, doch sie enthalten viele Kalorien und der gute Geschmack macht es uns leicht, zu viel davon zu essen. Das soll natürlich nicht heißen, dass Sie solche Produkte nie wieder essen dürfen.

Hören Sie auch damit auf, Kalorien zu trinken - trinken Sie viel Wasser - und essen Sie hauptsächlich Vollwertkost, die nur minimal verarbeitet wird. Vermeiden Sie ferner den Verzehr von fetthaltigen, salzigen und zuckerreichen Snacks. Essen Sie genug Eiweiß und essen Sie viel (Blatt-)Gemüse, Obst und Hülsenfrüchte. Diese enthalten wenig Kalorien und viel Ballaststoffe, Vitamine, Mineralien und Nährstoffe, die Ihnen helfen, Gewicht zu verlieren.

4. Bewegen Sie Ihren Körper

Viele Menschen üben heutzutage eine sitzende Tätigkeit aus und verbringen den größten Teil des Tages im Sitzen. Wir schauen auch durchschnittlich mehr als drei Stunden am Tag fern. Dies hat negative Auswirkungen auf unseren Körper und beeinflusst auch die Qualität des Schlafes. Sehr wenig Bewegung und schlechter Schlaf sind wichtige Ursachen für Übergewicht. Achten Sie deshalb darauf, dass Sie gut schlafen und nicht den ganzen Tag über zu viel sitzen.

Gehen Sie mehr nach draußen, schauen Sie weniger fern, trainieren Sie regelmäßig und bewegen Sie Ihren Körper jeden Tag. Je mehr, desto besser. Dies ist wichtig für Ihren Körper und Ihre Gesundheit und hilft Ihnen, ein gesundes Gewicht zu halten.

5. Ändern Sie Ihre Einstellung

Wir leben in einer Gesellschaft, in der wir uns ständig mit anderen Menschen vergleichen. Viele glauben, dass ihr Leben besser sein wird, wenn sie mehr wie die Menschen sind, die sie in sozialen Medien sehen. Natürlich wollen wir alle gut aussehen und fit sein. Aber wir sollten anerkennen, dass unser Glück, unsere Gesundheit und die Qualität unseres Lebens nicht nur durch unser Körper-gewicht bestimmt wird.

Wenn Sie Ihr ganzes Leben lang Diät gehalten haben, könnte es eine gute Idee sein, einen Schritt zurück zu gehen, Prioritäten zu setzen und sich auf die Dinge in Ihrem Leben zu konzentrieren, die Ihnen wirklich wichtig sind und mit denen Sie sich gut fühlen. Was machen Sie gerne? Was macht Sie glücklich? Was ist wichtiger: Ihre Gesundheit oder Ihr Gewicht? Das Leben ist so viel mehr als die Sorge um eine Zahl auf der Skala der Hauswaage. Seien Sie also ehrlich zu sich selbst und fragen Sie sich, ob das, was Sie jetzt tun, zu Ihrer Gesundheit, Ihrem Glück und Ihrem Wohlbefinden beiträgt.

Fazit

Viele Menschen, die abnehmen wollen, kämpfen oft mit dem Jo-Jo-Effekt. Dieser entsteht hauptsächlich wegen einer falschen Diätstrategie, die das Gewicht zurückkehren lässt, sobald man eine Diät beendet hat. Der Jo-Jo-Effekt ist ein Teufelskreis, der schwer zu durchbrechen ist und negative Auswirkungen auf Ihren Körper und Ihre Gesundheit haben kann.

Abnehmen kann Sie möglicherweise gesünder machen, aber der physische und psychische Stress, Gewicht zu verlieren und es dann wieder und wieder zu gewinnen, ist mindestens ebenso schädlich. Die Aufrechterhaltung Ihres Gewichts und die Konzentration auf Ihre Gesundheit ist eigentlich wichtiger als die Gewichtsabnahme.

Geben Sie sich Zeit. Das ist ein Marathon, kein Sprint. Die Arbeit an Ihrer Gesundheit ist ein langsamer Lernprozess und ein gesundes Körpergewicht sollte nicht Ihr Ziel sein, sondern ein Ergebnis der Dinge, die Sie tun. Setzen Sie sich kleine Ziele und verändern Sie langsam Ihren aktuellen Lebensstil. Das ist nicht nur das Beste für Ihre Gesundheit, sondern reduziert auch Ihr Risiko, in Ihre alten Gewohnheiten zurück zu fallen.

Impressum

1. Auflage.

Alle Inhalte dieses Ratgebers wurden nach bestem Wissen und Gewissen verfasst und nachgeforscht. Allerdings kann keine Gewähr für die Ausführlichkeit und Vollständigkeit der enthaltenen Informationen gegeben werden. Der Herausgeber haftet für keine nachteiligen Auswirkungen, die in einem direkten oder indirekten Zusammenhang mit den Informationen dieses Ratgebers stehen.

Covergestaltung: www.fiverr.com

Coverfoto: Shutterstock.com

Kontakt:

Michael Pichler
3910, Neuer Markt 1

E-Mail: michaelpichler92@gmx.net